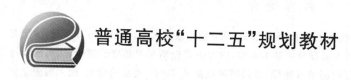

普通高校"十二五"规划教材

现代加工技术实验教程

主编　左敦稳　徐　锋

参编　孙玉利　赵建社

北京航空航天大学出版社

内 容 简 介

本书是工信部"十二五"规划教材《现代加工技术(第3版)》(北京航空航天大学出版社2013年版)的配套实验教程。书中系统地介绍了现代加工技术所涉及的基本实验,内容主要包括车刀角度的测量、切屑形成过程的观察、切削力的测量及建模、切削温度的测量及建模、刀具磨损观察及 $T-v_c$ 关系的建立、加工表面完整性评价、研磨加工、抛光加工、电火花加工以及激光加工实验。本书完整地阐述了材料去除加工的实验方法与技术,内容系统、先进、实用,满足机械工程类本科专业宽口径、创新型人才的培养要求。

本书可作为高等院校制造类专业本科生和硕士研究生的教材,也可作为相关专业工程技术人员的参考书。

图书在版编目(CIP)数据

现代加工技术实验教程 / 左敦稳,徐锋主编. -- 北京 : 北京航空航天大学出版社,2014.8
ISBN 978 - 7 - 5124 - 1569 - 0

Ⅰ. ①现… Ⅱ. ①左… ②徐… Ⅲ. ①特种加工—实验—高等学校—教材 Ⅳ. ①TG66 - 33

中国版本图书馆 CIP 数据核字(2014)第 168223 号

现代加工技术实验教程
主编 左敦稳 徐 锋
参编 孙玉利 赵建社
责任编辑 王 实
＊
北京航空航天大学出版社出版发行
北京市海淀区学院路 37 号(邮编 100191)　http://www.buaapress.com.cn
发行部电话:(010)82317024　传真:(010)82328026
读者信箱:goodtextbook@126.net　邮购电话:(010)82316524
北京时代华都印刷有限公司印装　各地书店经销
＊
开本:787×960　1/16　印张:8.5　字数:190 千字
2014 年 8 月第 1 版　2014 年 8 月第 1 次印刷　印数:3 000 册
ISBN 978 - 7 - 5124 - 1569 - 0　定价:19.00 元

前　言

　　2005 年北京航空航天大学出版社出版了国防科工委"十五"规划教材《现代加工技术》。该教材全面阐述了材料去除加工的理论与技术,满足了机械工程本科生专业宽口径、创新型人才的培养要求,获得了国内同行的好评。因此,2009 年和 2013 年分别出版了该教材的第 2 版和第 3 版。2013 年《现代加工技术(第 3 版)》入选工信部"十二五"规划教材。

　　实验教学是"现代加工技术"课程教学过程中必不可少的实践环节,它可以使学生加深理解课堂教学的基本理论,掌握加工实验的基本方法和技能,有助于学生加深工程实践意识,并在实践中培养创新能力。

　　为了配合"现代加工技术"课程的实践教学,我们在作者多年教学经验以及黎向锋教授主编的《现代加工技术实验指导书》讲义的基础上编写了本书。内容包括车刀角度的测量、切屑形成过程的观察、切削力的测量及建模、切削温度的测量及建模、刀具磨损观察及 $T\text{-}v_c$ 关系的建立、研磨加工、抛光加工、电火花加工以及激光加工等 10 个现代加工技术实验。

　　本教材由南京航空航天大学左敦稳教授和徐锋教授主编,左敦稳编写了实验一和实验三,徐锋编写了实验二、四～六,孙玉利副教授编写了实验七和实验八,赵建社副教授编写了实验九和实验十。此外,袁立新副教授及唐晓龙、张超和郁子欣等同学参加了本教材的部分编写工作,在此表示感谢。

　　由于水平所限,书中若有不当和疏漏之处,恳请读者批评指正。

编　者

2014 年 4 月

目　　录

实验一　刀具角度的测量

一、实验目的

➢ 熟悉几种常用车刀（外圆车刀、端面车刀、切断刀）的几何形状，识别其前刀面、主后刀面、副后刀面、主切削刃、副切削刃和刀尖。

➢ 掌握车刀标注角度的参考平面、静止坐标系及车刀标注角度的定义。

➢ 通过车刀角度的测量，掌握量角台的使用方法，进一步掌握车刀角度的概念，为学习其他刀具打好基础。

二、实验原理

（一）刀具切削部分的要素

以外圆车刀为例，切削部分的组成如图 1-1 所示。图中 Ⅰ 为待加工表面，即将被切去金属层的表面；Ⅱ 为过渡表面（加工表面），在待加工表面和已加工表面之间，也是主切削刃正在切削的表面；Ⅲ 为已加工表面，即已经切去多余金属而形成的新表面。

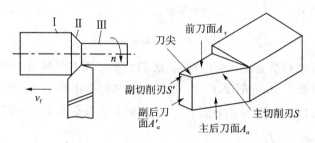

图 1-1　车刀切削部分的组成

"三面"指前刀面（A_γ）、主后刀面（A_α）和副后刀面（A_α'）。切屑流经的表面为前刀面；与工件上过渡表面相对的表面为主后刀面；与工件上已加工表面相对的表面为副后刀面。

"两刃"指主切削刃（S）和副切削刃（S'）。主切削刃为前刀面与主后刀面的交线，用以完成主要切除工作；副切削刃为前刀面与副后刀面的交线，辅助形成加工表面。

"一尖"指刀尖。主切削刃与副切削刃之间的相交处，实际在刀具上它不是一个点，而是一段过渡切削刃。特殊情况下有两个刀尖,如切断刀。

(二) 刀具静止坐标系

在刀具的制造和测量时,需要一个静止的坐标系来表明它的角度或几何形状。首先假定切削主运动和进给运动的方向,以外圆车刀为例,给各坐标平面定义如下:

① 基面 P_r 通过主切削刃选定点,垂直于假定主运动方向的平面。

② 假定进给平面 P_f 通过主切削刃选定点,与基面垂直并平行于假定进给方向的平面。

③ 假定切深平面 P_p 通过主切削刃选定点,并垂直于基面和假定进给平面的平面。

④ 切削平面 P_s 通过主切削刃选定点,与切削刃相切并垂直于基面的平面。

⑤ 主剖面 P_o 通过主切削刃选定点,与基面和切削平面都垂直的平面。

⑥ 法剖面 P_n 通过主切削刃选定点,并垂直于切削刃的平面。

因此,对于切削刃上每一点都可以定义出上述几个平面,如图 1-2 所示。

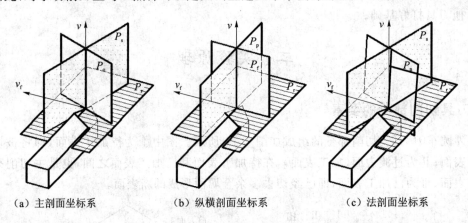

(a) 主剖面坐标系　　　　(b) 纵横剖面坐标系　　　　(c) 法剖面坐标系

图 1-2　车刀静止坐标系

外圆车刀的静止坐标系有主剖面坐标系、法剖面坐标系和纵横剖面坐标系。主剖面坐标系由基面 P_r、切削平面 P_s 和主剖面 P_o 组成;法剖面坐标系由基面 P_r、切削平面 P_s 和法剖面 P_n 组成;纵横剖面坐标系由基面 P_r、切削平面 P_s、假定切深平面 P_p 和假定进给平面 P_f 组成。

(三) 刀具标注角度

主剖面坐标系中,在基面 P_r 的投影上测量的角度如下:

① 主偏角 κ_r——主切削刃与进给方向在基面上投影的夹角。选用不同的主偏角能够改变切削力的方向与大小,并改变切削厚度与切削宽度的比例。

② 副偏角 κ'_r——副切削刃与进给方向在基面上投影的夹角。选用不同的副偏角会影响已加工表面的粗糙度。

③ 刀尖角 ε_r——主切削刃和副切削刃在基面上投影的夹角。

④ 余偏角——主切削刃和假定切深方向在基面上投影的夹角。

在主剖面 P_o 内测量的角度如下：

① 前角 γ_o——前刀面与基面的夹角。它有正负之分。前角越大，刀具越锋利，切削力越小，但同时刀刃部位强度和散热性能下降。

② 后角 α_o——主后刀面与切削平面的夹角。它使主后刀面和过渡平面之间的摩擦减小，但后角过大，也使刀刃强度下降。

③ 楔角 β_o——前刀面与后刀面的夹角。

在切削平面 P_s 内测量的角度如下：

刃倾角 λ_s——主切削刃与基面的夹角。

此外，在法剖面坐标系的 P_n 内测量的角度有法前角 γ_n、法后角 α_n、法楔角 β_n。在纵横剖面坐标系的 P_f 内测量的角度有纵向前角 γ_f、纵向后角 α_f 和纵向楔角 β_f。在 P_p 内测量的角度有：横向前角 γ_p、横向后角 α_p 和横向楔角 β_p。车刀的主剖面坐标系、纵横剖面坐标系、法剖面坐标系的标注角度如图 1-3 所示。

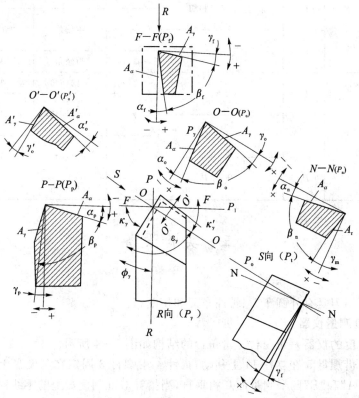

图 1-3　车刀的标注角度

上述参考系平面及角度的定义归纳在表 1-1 中。

表 1-1　刀具各参考系与刀具角度定义

刀具组成		标注参考系			刀具角度定义			
切削刃	相关刀面	代号	组成平面	特征	符号	名称	构成平面	测量平面
S	A_γ　A_α	P_o	P_r	$\perp v_c$	γ_0	前角	A_γ、P_r	P_o
			P_s	$\perp P_r$ 与 S 相切	α_0	后角	A_α、P_s	P_o
			P_o	$\perp P_r$、$\perp P_s$	κ_r	主偏角	P_s、P_f	P_r
					λ_s	刃倾角	A_γ、P_r	P_s
		P_n	P_r	$\perp v_c$	γ_n	法前角	A_γ、P_r	P_n
			P_s	$\perp P_r$ 与 S 相切	α_n	法后角	A_α、P_s	P_n
			P_n	$\perp S$	κ_r	主偏角	P_s、P_f	
					λ_s	刃倾角	A_γ、P_r	
		P_f	P_r	$\perp v_c$	γ_f	横向前角	A_γ、P_r	P_f
			P_f	$// v_f$、$\perp P_r$	γ_p	纵向前角	A_γ、P_r	P_p
			P_p	$\perp P_r$、$\perp P_s$	α_f	横向后角	A_α、P_s	P_f
					α_p	纵向后角	A_α、P_s	P_p

三、实验设备

1. 刀　具

本实验中所用刀具有外圆车刀、端面车刀和切断刀。

2. 刀具角度测量仪器

测量刀具角度的仪器是量角台。量角台的结构如图 1-4 所示。

刻度盘 7 可借螺母 5 在立柱 11 上移动，指针 4 用螺钉 3 固定在刻度盘上，可以绕螺钉中心移动，指针的"A"和"B"两个测量面互相垂直，当指针对准刻度盘上的零线时，A 面与量角台的台面垂直，B 面平行于量角台的后面。测量时，车刀安放在定位板 1 上，台面刻度盘用来测量主、副偏角。小刻度盘 10 用于测量法向角度。

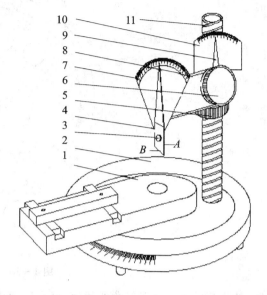

1—定位板；2—台面；3—螺钉；4—指针；5—螺母；6—旋钮；
7—刻度盘；8—弯板；9—小指针；10—小刻度盘；11—立柱

图 1-4　量角台实物及其示意图

四、实验内容与步骤

本实验的主要内容是用量角台测量几种常用车刀(外圆车刀、端面车刀和切断刀)的主偏角 κ_r、副偏角 κ'_r、前角 γ_0、后角 α_0、副后角 α'_0 和刃倾角 λ_s 等。

测量主偏角时,按照安装位置将车刀放在定位板上,转动定位板,使指针平面与主切削刃选定点相切,此时台面刻度盘上指示的转动度数即为主偏角的数值,如图 1-5 所示。

同理可测出副偏角。测量刃倾角时,使指针平面与切削刃在同一方向内,将测量面 B 与主切削刃相重合,即可读出数值,如图 1-6 所示。

测量前角时,转动定位板,使刻度盘位于车刀主剖面上,转动指针测量面 B 与车刀的前刀面重合,此时指针在刻度盘上指示的度数即为前角的数值(见图 1-7)。测量后角时,使车刀保持在测量前角时的位置上,只需转动指针,将指针测量面 A 与车刀的后刀面重合,即可读出后角的数值(见图 1-8)。同理可测出副后角的数值。

法剖面前角和后角的测量。测量车刀法剖面的前角和后角,必须在测量完主偏角和刃倾角之后才能进行。将滑体(连同小刻度盘和小指针)和弯板(连同刻度盘和指针)上升到适当位

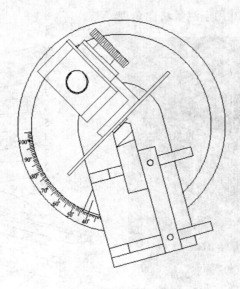

图 1-5　主偏角的测量

置,使弯板转动一个刃倾角的数值,这个数值由固连于弯板上的小指针在小刻度盘上指示出来(逆时针方向转动为＋,顺时针方向转动为－),如图 1-9 所示,然后再按上述的测量主剖面前角和后角的方法(参照图 1-7 和图 1-8),便可测量出车刀法剖面前角和后角的数值。

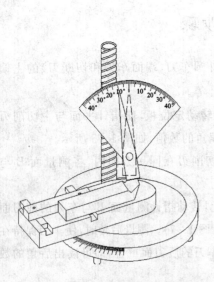

图 1-6　刃倾角的测量

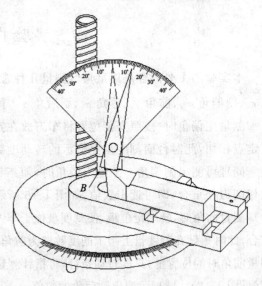

图 1-7　前角的测量

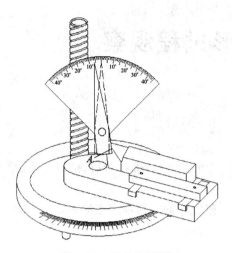

图 1-8　后角的测量

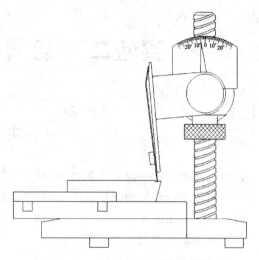

图 1-9　法前角、法后角的测量

实验二 切屑变形过程观察

一、实验目的

> 通过高速摄影录像观察各种不同材料(如紫铜、铝和铸铁等)带状切屑、挤裂切屑、单元切屑及崩碎切屑的产生过程;积屑瘤的形成过程。
> 通过改变切削速度 v_c、进给量 f 和刀具前角 γ_0,研究它们对切削层变形的影响规律。
> 了解和掌握切削层变形系数 ξ 和剪切角 ϕ 的测量方法。

二、实验原理

(一)塑性材料切屑形成过程

切屑的形成是一个复杂过程,在不同条件下切屑的形成机理不同,因而切屑会呈现出不同形态。在对塑性材料进行切削加工时,由于工件材料剪切滑移而形成切屑,所以切屑的形态有带状、挤裂和单元型;但对脆性材料进行加工时,由于工件中裂纹扩展而形成切屑,所以其形态主要为崩碎状切屑,但在某些条件下也可获得连续带状或剪切型切屑。

图 2-1 所示为塑性材料二维切削示意图,图 2-2 所示为塑性材料二维切削金相试样图。从图 2-1 中可以看出,在切削塑性材料时存在三个变形区。第一变形区(Ⅰ)是被切削层材料向切屑转变时的塑性变形区,从图 2-2 的切屑根部照片可看到严重变形区与未变形区存在明显的界线,被切削层材料在很短时间内完成了主要的变形。第二变形区(Ⅱ)由于切屑在前刀面上流出,在较高温度下受到刀具的挤压作用进一步发生严重变形。第三变形区(Ⅲ)为已加工表面与后刀面的摩擦以及第一变形区的残留部分。

塑性材料的切屑形成过程可以描述如下:当刀具与工件开始接触的瞬间,切削刃和前刀面在接触点挤压工件,使工件内部产生应力和弹性变形。随着切削运动的继续,切削刃和前刀面对工件的挤压作用加强,使工件材料内部的应力和变形逐渐增大,当应力达到材料屈服极限时,被切削层材料沿着剪应力最大的方向滑移,产生塑性变形。随着滑移的产生,剪应力逐渐增大,当剪应力达到材料的屈服极限强度时,切削层材料产生流动。当流动方向与前刀面平行时,不再产生滑移,切削层材料沿前刀面与基体分离。以上过程发生在第一变形区中。实验证明,随着切削速度的增大,第一变形区变薄。一般切削速度下,第一变形区厚度仅为 0.02~

0.2 mm。因此，可以用一个平面 OM 来表示第一变形区。剪切面 OM 与切削速度方向的夹角称为剪切角 ϕ。

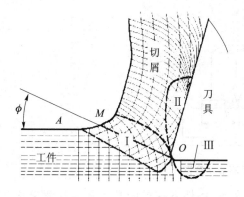

图 2-1 塑性材料二维切削过程示意图

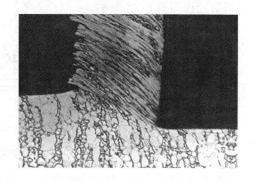

图 2-2 塑性材料二维切削过程金相试样图

当切屑沿前刀面流出时受到前刀面的挤压与摩擦，在前刀面摩擦阻力的作用下，靠近前刀面的切屑底层再次产生剪切变形，也就是第二变形区的变形，使薄薄的一层材料流动滞缓，晶粒再度伸长，沿着前刀面方向纤维化。这层流动滞缓的金属称为滞留层，它的变形程度比切屑上层剧烈几倍到几十倍。

总之，塑性材料的切屑形成过程，就其本质来说，是被切削材料在刀具切削刃和前刀面作用下，经受挤压产生剪切滑移变形的过程。

（二）切削层变形程度衡量及观察

衡量切削层变形程度的指标，通常有变形系数、剪切角和相对滑移，而变形系数和剪切角比较直观，便于测量。切屑变形测量的方法有静态方法（切屑根部镶嵌试样制备）和动态方法（高速摄影）。

金属切削加工中切下的切屑，其尺寸不同于切削层的尺寸。变形系数是切削层长度与切屑长度的比值，或者是切屑厚度与切削层厚度的比值。变形系数一般大于1。变形系数越大，切屑的变形程度就越大。剪切面与切削速度方向的夹角为剪切角。剪切角越小，切屑的变形程度就越大。

1. 变形系数的测量

变形系数的测量方法有长度法、质量法及切屑根部显微测量法。显微测量法同时还可测量剪切角。上述方法均属静态观察法。目前国内外已采用高速摄影、电影示波及扫描电镜对切削层进行动态观察。下面介绍质量法和显微测量法测量变形系数。

$$\xi = \frac{l_0}{l_c} \qquad (2-1)$$

式中：l_0——切削层长度；

$\quad\quad l_c$——切屑长度；

$\quad\quad \xi$——变形系数。

切削过程如图 2－3 所示。

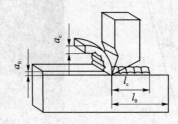

图 2－3　切削过程测量示意图

选取在不同的切削速度 v_c、进给量 f、刀具前角 γ_0 条件下获得的数段较容易测出长度的切屑，然后在天平上称其质量 $M(g)$，根据质量守恒原理有

$$M = \frac{A \cdot l_0}{1\,000} \cdot \rho \qquad\qquad (2-2)$$

式中：A——切削层面积，mm^2，且 $A = a_p \cdot f$，a_p 为切削深度，f——进给量；

$\quad\quad \rho$——试件的材料密度，g/cm^3。

将式（2－1）代入式（2－2）可得

$$\xi = \frac{1\,000\,M}{a_p \cdot f \cdot l_c \cdot \rho} \qquad\qquad (2-3)$$

根据式（2－3）可计算出各种不同的切削速度 v_c、进给量 f、刀具前角 γ_0 条件下的变形系数 ξ，并可绘制 ξ-v_c、ξ-f、ξ-γ_0 关系曲线。为了使其与用测厚法得出的 ξ 进行比较，切削方式选择直角自由切削方式为宜。

显微测量法就是把二维切削获得的切屑根部金相磨片（金相磨片的制作过程在实验步骤中介绍）放在显微镜下，测量其切屑厚度 a_c 和切削层厚度 a_0，根据式 $\xi = \dfrac{a_c}{a_0}$ 可以计算出 ξ。下面分别介绍切屑厚度 a_c 和切削层厚度 a_0 的测量方法。

事先用快速落刀法通过改变 v_c、f、γ_0 分别得到不同切屑根部样品，将这些样品制作成一套切屑根部磨片。如图 2－4 所示，实验时利用测量显微镜目镜中的十字刻线中的一条与磨片中切屑底层即刀具的前刀面相切读出读数，然后移动测量台，再将此刻线与切屑的顶层相切读出读数，测量台的两次读数之差即为切屑厚度 a_c。为了提高测量的准确性，可以重复上述过程，取其平均值。

如图 2－4 所示，将目镜的十字刻线中的一条相切于试件的待加工表面层，读出测量台读数，再移动测量台将加工表面与同一刻线相切（即过刀尖点且与待加工表面层平行）读出读数，

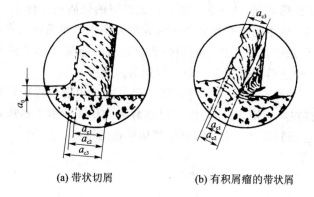

(a) 带状切屑 (b) 有积屑瘤的带状屑

图 2-4 显微镜下切屑厚度 a_c 测量示意图

两次读数之差即为 a_0。测出 a_c 和 a_0 的值便可以计算出 ξ 的值。

2. 剪切角 ϕ 的测量

剪切角 ϕ 也可表示切屑变形程度,在测量 ϕ 角之前,必须事先制作好一套根部磨片或者放大磨片的照片,在显微镜或照片上直接测出 ϕ 角即可。本实验采用在直接放大的照片上测量 ϕ,具体情况可分为以下三种:

① 在较高切削速度的情况下测量剪切角 ϕ,如图 2-5(a)所示,切屑顶部与待加工表面的交点即为点 M,连接点 O 与点 M,则直线 OM 即为简化的剪切滑移面,它与切削速度间的夹角即为剪切角 ϕ。

② 在较低切削速度的情况下测量剪切角 ϕ,如图 2-5(b)所示,此时第 I 变形区加宽,需要把切削顶部与待加工表面顺势延长交于点 M,再连接点 O 与点 M,测量即可得 ϕ 角。

③ 有积屑瘤时,切屑根部照片如图 2-5(c)所示。

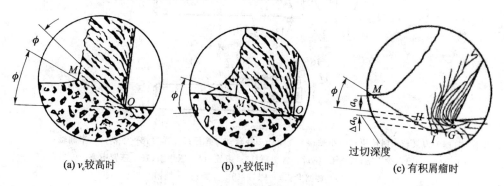

(a) v_c 较高时 (b) v_c 较低时 (c) 有积屑瘤时

图 2-5 剪切角 ϕ 测量方法示意图

3. 快速落刀装置

快速落刀装置的作用是使正在切削的刀具在某一瞬间以很大的加速度脱离试件,以保留这一瞬间真实的切削变形情况,从而获得在一定条件下的切屑根部标本。

快速落刀装置的结构主要有爆炸式和机械式两大类。爆炸式利用火药爆炸的能量使销子瞬时剪断实现快速落刀;而机械式则是利用弹簧或锤击的能量使销子剪断实现快速落刀。下面介绍常用的锤击式快速落刀装置和爆炸式快速落刀装置。

图2-6所示为一种锤击式快速落刀装置示意图。在切削过程中,用手柄8转动半圆轴9,弹锤高速下落,打在剪切销10上,将剪切销剪断,刀具迅速下落脱离工件。同时,弹簧18压出挡销19,防止回转块2反弹,即可得到切屑根部标本。

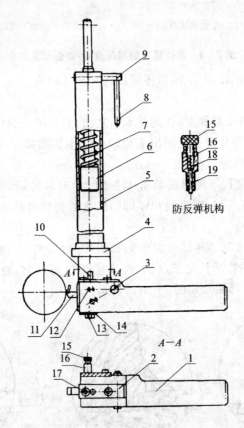

1—刀夹;2—回转块;3—小轴;4—支架;5—导套;6—弹锤;7—弹簧;8—手柄;9—半圆轴;
10—剪切销;11—刀具;12—剪切销;13—螺栓;14—压垫圈;15—压紧螺塞;
16—螺塞套;17—螺钉;18—弹簧;19—挡销

图2-6 锤击式快速落刀装置示意图

爆炸式快速落刀装置示意图如图2-7所示,实物图如图2-8所示。爆炸式快速落刀装置采用炸药作为动力源。爆炸产生的能量使活塞高速下落,撞击落刀体,剪断剪切销,实现快速落刀。当切削进入预定区域后,点火头通电,即可点燃硝化棉,硝化棉剧烈燃烧发生爆炸,产生的大量气体,形成强大的气压,通过刀杆施加力于刀座上,将剪切销剪断,刀具以极大的加速度落下。

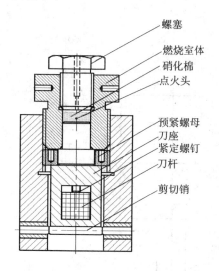

图 2-7 爆炸式快速落刀装置示意图

图 2-8 爆炸式快速落刀装置实物图

4. 金相磨片的制作

利用快速落刀装置把获得的切屑从试件上切下,把它与电木粉一起放入镶嵌机内压模成圆柱状,如图 2-9 所示。经粗磨至切屑中心剖面处(因切屑两侧有侧向变形,而中心剖面处可认为是平面变形状态),再经过研磨—抛光—酸腐蚀制成磨片,放在带摄影装置的金相显微镜下拍照,经冲洗、放大成切屑根部照片。

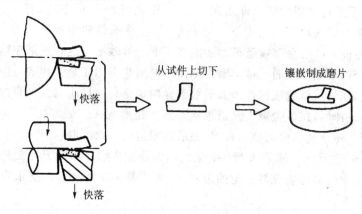

图 2-9 切削根部金相磨片制作过程示意图

具体步骤如下:

（1）获取切屑根部样品

利用快速落刀实验装置取得切屑根部后，切屑与工件是相连的；利用切割的方法，将切屑根部试样取下，并制成可以观测的、尺寸在 10～15 mm 的标本。

（2）制备镶嵌样品

将镶嵌机的内升降台升起至合适位置，把切屑根部试样放在圆柱形升降台的中央位置，然后降低升降台高度至合适位置，用勺子先向样品上部分的空腔中加入适量的黑电木粉（黑色酚醛树脂），盖上并压紧压头，再打开电源，对压膜进行加热，如图 2-10 所示。在温度升高到一定值时开始转动手轮，使升降台上升直到不能继续上升为止，温度每上升一定值时，都重复此操作，直至加热到最高温度，关闭电源，等待样品冷却。

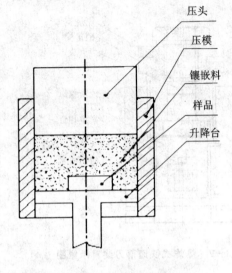

压头

压模

镶嵌料

样品

升降台

图 2-10 镶嵌试样示意图

（3）试样的平整和研磨处理

将嵌装好的试样取出后，可用锉刀、砂纸或者砂轮平整试样的表面，但用砂轮平整试样时，要注意不要使试件产生烧伤，实验过程中先用 W20 的 SiC 砂纸打磨，再用 W10 的 SiC 砂纸打磨，最后用 W5 的 SiC 砂纸打磨直至样品的观察端比较平。试样经打磨后即可进一步在装有砂布的旋转圆盘上磨光。开始时用较粗的砂布（100＃～150＃）磨光，然后逐渐改用较细的砂布，最终磨制时应使用 200＃～240＃ 的细砂布。

磨制标本时不能过分用力把试样压在磨盘上，以免被磨表面过度发热。当用一种砂布磨光时，试样的位置不应变动。当换用下一号砂布时，应将试件的位置转动 90°，使新的磨痕垂直于前一磨痕，当前一磨痕全部被磨掉后才能换用下一号砂布。这一规则在精磨时特别重要。因为不循序换用砂布，试件表面上被粗磨料刻出的磨痕是不能完全去掉的，这些磨痕内充满着磨料小颗粒或金属屑，从而造成试件表面已被磨光的错觉。一旦用腐蚀剂腐蚀时，存在于磨痕内的金属屑被腐蚀掉后，在显微镜上又清晰地显露出粗磨痕来。最好在每次换砂布时都仔细清洗标本。为了获得更高质量的磨片标本，最后还要进行一次细磨。对于黑色金属标本，细磨用粒度为 240＃～280＃ 的金刚砂为磨料。细磨的方法是将细砂布箍紧在旋转的磨盘上，试件轻压在磨盘上，工作时磨盘应保持一定的湿度，使试件表面经常覆盖一层水膜，这样可以避免砂布太快被损坏。

（4）试样的抛光

用氧化铝、氧化铬或氧化铁的细粉末对样品进行抛光。抛光粉与蒸馏水混合（1 L 水加入 5 g 氧化铝，或 10～15 g 氧化铬或氧化铁）。把细呢绒经水泡浸后箍在磨盘上进行抛光。试样轻压在旋转的磨盘上,磨盘的转速通常为 700~1 000 r/min。经最后抛光后,试件在金相显微镜下检查应看不到磨痕。制好的切屑根部磨片要在流水中清洗干净,为了使水分加速蒸发,最后用蘸有无水酒精的棉球清洗,并在热风机上干燥,保存在干燥皿中或马上进行金相腐蚀。

(5)金相腐蚀

腐蚀的目的是将金属的显微组织显现出来。本实验用化学腐蚀法,实验用的材料为碳钢。金相试样腐蚀的具体步骤为:先用水冲洗试样,用蘸有无水酒精的棉球轻拭试样表面,然后用 3 mL 密度为 1.42 g/cm³ 的无色硝酸与 97 mL 无水酒精配成的腐蚀剂腐蚀金相试样,腐蚀过程中为了避免气泡附着,可用蘸有腐蚀剂的棉球多次轻拭试样表面,腐蚀合适的时间后,用水冲洗试样,再用无水酒精清洗,并在热风机上干燥。若不马上进行观察,则应涂上凡士林以防锈。在清洗时注意不要抹去腐蚀表面上的反应生成物,因为这些沉积在试样上的反应物将参与形成组织的图像。试样腐蚀时间长短及腐蚀剂的选择视材质的不同来确定。如果腐蚀效果不理想,应将试样从粗磨步骤开始重新制样,直至能清晰显示出显微组织。

(三) 切屑类型

切屑按几何形状大致归纳为四种类型,如图 2-11 所示。

(a) 带状切屑

(b) 挤裂切屑

(c) 单元切屑

(d) 崩碎切屑

图 2-11　常见的四种切屑类型

1. 带状切屑

在切屑形成过程中，当切屑在滑移面 *OM* 处的应力小于材料的强度极限时，切屑绵延较长没有裂纹，靠近前刀面的一面很光滑，另一面呈现毛茸状，形成常见的带状切屑。一般在加工塑性材料、切削厚度较小、切削速度较高及刀具前角较大时往往得到这种切屑。

2. 挤裂切屑

在切屑形成过程中，工件材料塑性变形较大，由此而产生的加工硬化使在滑移面 *OM* 处应力增加，局部达到了材料的强度极限。此时，切屑只在上部被挤裂而下部仍然相连，即靠近前刀面一面很光滑，另一面呈锯齿状，形成挤裂切屑。一般在加工塑性材料时，当切削厚度较大、切削速度较低及刀具前角较小的情况下易于得到这种切屑。

3. 单元切屑

如果被切削材料塑性较小，或切削过程中工件材料的塑性变形很大，以至使切屑在滑移面 *OM* 处或在此之前，应力已经达到材料的强度极限，则切屑沿某一断裂面破裂。此时，裂纹贯穿整个切屑厚度，形成近似梯形的单元切屑。一般在加工塑性材料时，当切削厚度较大、切削速度较低及刀具前角较小的情况下可以得到这种切屑。

4. 崩碎切屑

切屑脆性材料时，由于材料塑性很小，抗拉强度低，刀具切入后，靠近切削刃和前刀面的工件材料在塑性变形很小时就被挤裂或在拉应力状态下脆断，形成不规则的碎块状的崩碎切屑。切削厚度越大，刀具前角越小，越容易产生这种切屑。

（四）积屑瘤

在切削塑性材料时，往往在前刀面上紧靠刃口处粘结着一小块很硬的金属楔块，如图 2－12(a)所示，这个楔块称为积屑瘤，图 2－12(b)所示为楔形积屑瘤的 SEM 照片。

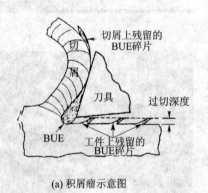

(a) 积屑瘤示意图

(b) 楔形积屑瘤的 SEM 照片

图 2－12　积屑瘤

切削塑性材料时，由于前刀面与切屑底面之间的挤压与摩擦作用，使靠近前刀面的切屑底层流动速度减慢,产生一层很薄的滞留层,使切屑上层金属与滞留层之间产生相对滑移。上下层之间的滑移阻力,称为内摩擦力。在一定切削条件下,由于切削时产生的温度和压力,使得刀具前刀面与切屑底部滞留层之间的摩擦力(称为外摩擦力)大于内摩擦力,此时滞留层金属与切屑分离而粘结在前刀面上。随后形成的切屑,其底层沿着被粘结的一层相对流动,又出现新的滞留层。当新旧滞留层之间的摩擦力大于切屑上层金属与新滞留层之间的内摩擦力时,新的滞留层又产生粘结。这样一层一层地滞留、粘结,从而逐渐形成一个楔块,这就是积屑瘤。

在积屑瘤生成过程中,它的高度不断增加,但由于切削过程中的冲击、振动、负荷不均匀及切削力的变化等原因,会出现整个或部分积屑瘤破裂、脱离及再生的现象。由于滞留层的金属经过数次变形强化,因此积屑瘤的硬度很高,一般是工件材料硬度的 $2\sim3$ 倍。积屑瘤形成后,代替切削刃和前刀面进行切削,有保护切削刃,减轻前刀面和后刀面摩擦的作用。但是,当积屑瘤破裂脱落时,切屑底部和工件表面带走的积屑瘤碎片,分别对前刀面和后刀面有机械擦伤作用;当积屑瘤从根部完全脱落时,将对刀具表面产生粘结磨损。积屑瘤生成后刀具的实际前角增大,减小了切屑变形,降低了切削力。积屑瘤有一定的伸出量,因而改变了切削深度和进给量,影响尺寸精度,对精加工影响尤为显著。

三、实验设备

1. 切屑类型的观察

采用高速摄影装置进行切屑类型的观察。高速摄影装置中最主要的是 CCD -计算机系统,其摄像部分与切削刀具无相对运动,并可以通过微调装置调整摄像头与切削区的位置和距离,使得图像完整清晰。在 CCD -计算机系统中,首先由显微镜物镜放大的图像经过 CCD 摄像机转化为模拟信号输入到图像采集卡,该卡把模拟信号转化为数字信号输出,计算机对数字信号处理后显示在显示器上,图像经过 CCD 到显示器的二次放大后可以看得更清楚。

2. 切削层变形程度的观察与衡量

① 质量法:CA6140 车床一台、硬质合金刀片数片、45 钢管料、天平、铜丝和直尺。

② 显微硬度测厚法:切屑根部金相磨片数个、工具显微镜。

3. 切屑根部金相磨片与照片的制作

① CA6140 车床一台、45 钢管料和切断刀。

② 单剪断销爆炸式快速落刀装置一套。

③ 电木粉、SiC 砂纸(W20、W10、W5)、抛光机、腐蚀剂(3 mL 密度为 1.42 g/cm³ 的无色硝酸与 97 mL 无水酒精的配比)、粗砂布($100\# \sim 150\#$)、细砂布($200\# \sim 240\#$)、金刚砂($240\# \sim 280\#$)、氧化铝、氧化铬及氧化铁的细粉、蒸馏水和 XQ -1 金相试样镶嵌机(如图 2 - 13 所示,该机的镶嵌试样压制直径为 22 mm,温度调节范围为 $0\sim170$℃,额定电压为 220 V,手轮顺时针转则升起升降台,逆时针旋转则降低升降台)。

图 2－13　XQ－1 金相试样镶嵌机

四、实验内容与步骤

1. 切削变形过程的观察

① 切屑类型(带状、挤裂、单元和崩碎)的观察;

② 观察积屑瘤的产生过程并分析其产生原因及对加工过程的影响。

2. 研究切削用量对变形系数 ξ 和剪切角 ϕ 的影响

一般采用单因素法设计实验,即在固定其他因素,只改变一个因素的条件下测算出变形系数 ξ 和剪切角 ϕ 的值,然后进行数据处理,画出相应的图线,单因素法主要步骤如下:

① 固定进给量 f 和切削深度 a_p,改变切削速度 v_c,用质量法测出切屑的长度 l_c 和质量 M,对这两个量各测量 3 组数据并取各自平均测量值,把所有的已知量和测量平均值代入公式(2-3)计算出变形系数 ξ_1;用显微测厚法测出切屑厚度 a_c 和切削层厚度 a_0,对这两个量测量 3 组数据并取平均测量值,代入计算公式得出变形系数 ξ_2;再利用显微镜测量剪切角 ϕ,即利用显微镜对金相试样的剪切角进行 3 次测量,记录下测量值后,计算其平均值,并将此值作为最终剪切角的值;在直角坐标图上绘出 v_c-ξ_1、v_c-ξ_2、v_c-ϕ 的曲线图,比较并观察曲线图的变化趋势。

② 固定切削速度 v_c 和切削深度 a_p,改变进给量 f,用质量法测出切屑的长度 l_c 和质量 M,对这两个量各测量 3 组数据并取各自平均测量值,把所有的已知量和测量平均值代入公式(2-3)计算出变形系数 ξ_1;用显微测厚法测出切屑厚度 a_c 和切削层厚度 a_0,对这两个量测量 3 组数据并取平均测量值,代入计算公式得出变形系数 ξ_2;再利用显微镜测量剪切角 ϕ,即利用显微镜对金相试样的剪切角进行 3 次测量,记录下测量值后,计算其平均值,并将此值作为最终剪切角的值;在直角坐标图上绘出 f-ξ_1、f-ξ_2、f-ϕ 的曲线图,比较并观察曲线图的变化趋势。

③ 固定切削速度 v_c 和进给量 f,改变切削深度 a_p,用质量法测出切屑的长度 l_c 和质量 M,对这两个量各测量 3 组数据并取各自平均测量值,把所有的已知量和测量平均值代入公式

(2-3)计算出变形系数 ξ_1；用显微测厚法测出切屑厚度 a_c 和切削层厚度 a_0，对这两个量测量 3 组数据并取平均测量值，代入计算公式得出变形系数 ξ_2；再利用显微镜测量剪切角 ϕ，即利用显微镜对金相试样的剪切角进行 3 次测量，记录下测量值后，计算其平均值，并将此值作为最终剪切角的值；在直角坐标图上绘出 $a_p-\xi_1$、$a_p-\xi_2$、$a_p-\phi$ 的曲线图，比较并观察曲线图的变化趋势。

五、复习思考题

1. 分析 v_c、f 和 γ_0 对切屑变形的影响机理。

2. 切削碳钢时，ξ 与 v_c 关系曲线为什么会出现驼峰？

3. 什么是积屑瘤？积屑瘤是如何产生的？如何抑制积屑瘤？

实验三　切削力的测量及其经验公式的建立

一、实验目的

➤ 理解压电式测力仪的原理,掌握切削力的测试方法。
➤ 掌握单因素实验设计方法,加深对切削用量影响切削力变化趋势的理解。
➤ 掌握图解法建立经验公式的方法,加深对动态实验数据处理方法的理解。

二、实验原理

(一) 切削力的来源及分解

切削加工时,在刀具作用下,刀尖附近的切削层材料、切屑和已加工表面层材料都要产生弹性变形、塑性变形、剪切滑移或脆性断裂等。为了保证切削连续进行,刀具必须克服这些弹塑性变形抗力及刀具与切屑、已加工表面间的摩擦抗力。因此,切削力来源于上述的弹塑性变形力和摩擦力。

切削力的大小与刀具、切削条件以及工件材料的性能有关,其合力是一个空间向量。通常情况下,为了便于测试和分析,将切削合力在某个坐标系下进行分解。以外圆车削为例,一般将合力分解为空间三个相互垂直的分力 F_z、F_y 和 F_x,如图 3-1 所示。主切削力 F_z 也称切向分力,垂直于基面 P_r,与主运动方向一致,是计算切削功率、选取机床电动机功率 P_z 和设计机床主传动机构的依据。切深抗力 F_y 也称径向分力,在基面 P_r 内,作用在工件直径方向上,能使工件产生变形,是校验机床主轴在水平面内刚度及相应零部件强度的依据。进给抗力 F_x 也称轴向分力,在基面 P_r 内,与刀具进给方向平行,是设计机床进给机构功率 P_x 的依据。

(二) 切削力的测量

测力仪是测量切削力的主要仪器。就其原理可分为机械式、液压式和电测式。电测式又可分为电阻应变式、电磁式、电感式及压电式。目前,应用较多的是电阻应变式和压电式。电阻应变式测力仪加载时的力作用点应严格处于刀尖位置,作用线方向应准确;而压电式测力仪则无此要求。

在测力仪的弹性元件上粘贴具有一定电阻值的电阻应变片,如图 3-2(a) 所示,然后将电

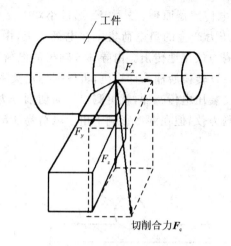

图 3-1 外圆车削时的切削力

阻应变片连接成电桥(见图 3-2(c))。电桥各臂的电阻分别为 R_1、R_2、R_3、R_4。如果 $R_1R_4 = R_2R_3$,电桥平衡,则 B、D 两点间电位差为零,电流表中无电流通过。当主切削力 F_z 作用在刀具上时,粘贴其上的电阻应变片将发生弹性变形,从而引起其电阻值发生改变。如图 3-2(b)所示,R_1 的电阻值将因被拉长而增大,R_2 的电阻值将因受压缩而减小。这样,原来平衡的电桥就失去平衡,B、D 两点间就产生电位差,电流表中则有电流通过。为了使这种电信号足以使记录仪表显示并记录下来,常用电阻应变仪加以放大。其显示或记录下来的数值与作用在刀具上的主切削力的大小成正比。如果事先已标定出主切削力与所输出电信号间的关系曲线,实际测力时,就可根据记录下来的电信号的大小推算出主切削力的数值。电阻应变式测力仪具有灵敏度高、线性好、使用可靠等优点,故在车、铣、钻、磨削加工中应用较多。

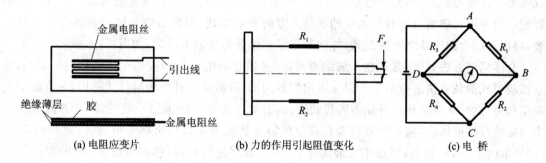

图 3-2 切削力的测量

压电式测力仪近年来发展也较快,其原理是利用某些非金属材料(如石英晶体、压电陶瓷等)的压电效应,即当受外力作用时压电材料表面将产生电荷,电荷的多少仅与所施加外力的大小成正比。用电荷放大器将电荷转换成相应的电压参数进行测量,再换算成力的大小。

图 3-3 所示为单一压电传感器原理。外力 F_z 通过小球 1 及金属薄片 2 传给压电晶体 3。两压电晶体间有电极 4,由压力产生的负电荷集中在电极 4 上,由有绝缘层的导体 5 传出,而正电荷则通过金属片 2 或测力仪接地传出。由导体 5 输出的电荷通过电荷放大器放大后可用记录仪器记录下来,通过 A/D 转换后输入计算机,再根据标定关系自动给出力的大小和波形。如在测力仪的三个方向都安装压电传感器,就可测出三向切削分力。这种测力仪的灵敏度、刚度和动态特性均优于其他测力仪,但在湿度影响下由于电荷易泄漏而影响其测量精度,制造精度要求也高,价格较贵。

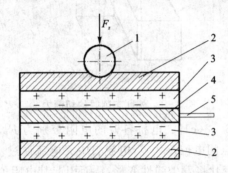

1—小球;2—金属薄片;3—压电晶体;4—电极;5—导体

图 3-3 单一压电传感器原理

(三) 测力仪标定

电阻应变式测力仪需要标定,以便将测力时的输出读数转换成力值。而压电式测力仪出厂时已标定了电压与力的关系,因此在使用时不需要另外标定。而测动态切削力的测力仪,不仅需要进行静态标定,还要进行动态标定。标定正确与否直接影响测量结果的可靠性。静态标定一般是用标准测力环对测力仪的各分力方向分别加载,用静态应变仪或静动态应变仪读数,得出加载力和读数之间的关系,并同时记录其他分力的输出读数,如图 3-4 所示。

具体标定方法如下:首先在未加载力时,记录稳定的电信号对应的电压值(单位 mV),通常按阶梯式加载方法进行加载。以 z 方向加载为例,载荷从零开始按阶梯式递增,一直施加到额定载荷;然后从额定载荷开始按阶梯式递减,直到零为止。每施加一载荷,从 z 方向采集一个对应的数据电压值,将 n 个载荷及其对应的输出数据画在直角坐标系中,就得到如图 3-5(a)所示的 $F_z - D_{zz}$ 散点,用最小二乘法对 $F_z - D_{zz}$ 数据进行处理,就得到图 3-5(b)所示的标定曲线。

$$D_{zz} = B_{zz} + \varepsilon_{zz} F_z \tag{3-1}$$

式中: D_{zz}——F_z 的灵敏度,或称标定系数。

若对散点数据进行有关计算,还可求出测力仪的滞后性及非线性度。

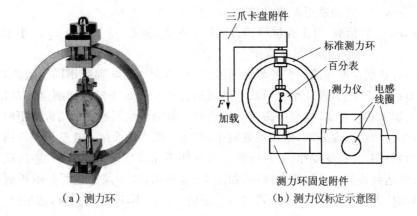

（a）测力环　　　　　　　　　（b）测力仪标定示意图

图 3 - 4　测力环及测力仪标定示意图

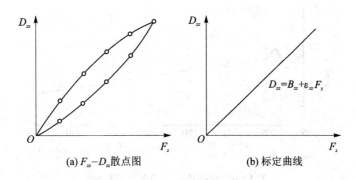

(a) $F_{zz}-D_{zz}$散点图　　　　　　　(b) 标定曲线

图 3 - 5　测力仪标定散点图和标定曲线

　　当然,也可编制程序,利用其内部算法自动标出纵坐标刻度,并记录各分力方向的标度系数。在后续采样时可以自动将采样值转化为力值。对于各分力的相互干扰,也可采用软件方法消除。

(四) 切削力经验公式的建立

　　利用测力仪测出切削力,再将试验数据加以适当处理,可以得到切削力的经验公式。切削力的影响因素有:工件材料、切削用量、刀具几何参数及其他因素。车削时切削力的经验公式一般形式如下:

$$\left.\begin{aligned} F_z &= C_{F_z} a_p^{x_{F_z}} f^{y_{F_z}} v_c^{n_{F_z}} K_{F_z} \\ F_y &= C_{F_y} a_p^{x_{F_y}} f^{y_{F_y}} v_c^{n_{F_y}} K_{F_y} \\ F_x &= C_{F_x} a_p^{x_{F_x}} f^{y_{F_x}} v_c^{n_{F_x}} K_{F_x} \end{aligned}\right\} \qquad (3-2)$$

式中:系数 C_{F_z}、C_{F_y}、C_{F_x}——取决于工件材料和刀具材料;

　　　　K_{F_z}、K_{F_y}、K_{F_x}——系数,在切削条件与经验公式条件不同时,为各种因素对切削力影响的修正系数之积；

x_{F_i}、y_{F_i}、n_{F_i}——指数，与工件材料和刀具材料有关，通常 x_{F_i} 接近于 1，y_{F_i} 小于 1，n_{F_i} 在稳定切削区域接近于 0。

切削力随着切削深度和进给量的增大而增大，但两者的影响程度不同。随着切削深度增长 1 倍切削力约增长 1 倍，而进给量增长 1 倍切削力增长不足 1 倍。切削速度对切削力的影响比较复杂。加工塑性金属时，在中高速下切削力一般随着切削速度的增大而下降，主要是因为切削速度增大，切削温度升高，摩擦系数减小，切屑变形小的缘故。在低速范围内，切削速度对切削力的影响还有其特殊规律，最初切削力随着切削速度的增大而减小，达到最低点后，又逐渐增加，然后达到最高点再度逐渐减小，如图 3-6 所示，这一规律主要是由积屑瘤造成的。切削脆性材料时，因其塑性变形小，切屑与前刀面的摩擦很小，连续切削时，切削速度对切削力没有显著的影响；断续切削时，则切削速度越高，冲击力影响越大。

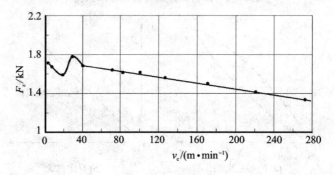

图 3-6　切削速度对切削力的影响

切削力经验公式是通过切削实验方法建立起来的。切削实验方法有两种，即单因素法和多因素法。单因素法是：首先建立切削力与每个单独变化因素间的关系式（如 a_p-F 和 f-F），再经过综合，求出切削力与诸因素间的关系式。多因素法是：根据正交回归设计方法，同时改变几个因素，从而得到切削力与这些因素间的关系式。本实验采用单因素法进行切削实验，并采用图解法以及基于 Matlab 的解析法处理切削实验数据。

1. 图解法

将实验所得数据取对数后在双对数坐标纸上画出（见图 3-7）。

切削力与各因素间的关系式分别为

$$F = C_{a_p} a_p^{x_F} \tag{3-3}$$

$$F = C_f f^{y_F} \tag{3-4}$$

取对数后，有

$$\lg F = \lg C_{ap} + x_F \lg a_p \tag{3-5}$$

$$\lg F = \lg C_f + y_F \lg f \tag{3-6}$$

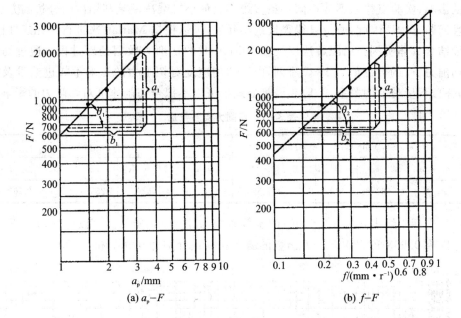

(a) a_p-F　　　　　　　　　(b) f-F

图 3-7　图解法求指数和系数

式中：x_F、y_F——直线的斜率，可由图 3-7 求出；

C_{a_p}、C_f——a_p、f 为 1 时，直线 a_p-F、f-F 的截距值。

由于式（3-3）是在 $f=f_0$（f_0 为某一固定值）情况下得到的，所以有

$$F = C_{a_p} a_p^{x_F} = C_F f_0^{y_F} a_p^{x_F} \tag{3-7}$$

所以

$$C_{F_1} = \frac{C_{a_p}}{f_0^{y_F}}$$

同理有

$$F = C_f f^{y_F} = C_{F_2} a_{P_0}^{x_F} f^{y_F} \tag{3-8}$$

$$C_{F_2} = \frac{C_f}{a_{P_0}^{x_{F_e}}}$$

由于存在实验误差，故 C_{F_1} 与 C_{F_2} 不一定相等，所以取其平均值，即

$$C_F = \frac{1}{2}(C_{F_1} + C_{F_2})$$

最后得经验公式

$$F = C_F a_p^{x_F} f^{y_F} \tag{3-9}$$

2. 最小二乘法

最小二乘法即一元线性回归法。理论上 $\lg a_p$-$\lg F$、$\lg f$-$\lg F$ 应该是直线关系，但因实

验误差的影响,实验点往往不会在同一条直线上。最小二乘法就是利用回归分析的方法,建立一元线性回归方程。因此,所得直线很接近实际值,可以根据 Matlab 来进行一元线性回归。

下面结合具体实例介绍图解法以及基于 Matlab 的切削力数据处理过程。通过切削力实验得到切削力 F_z 的数据如表 3-1 所列,由于切削速度对切削力的影响不如进给量及切削深度明显,并且不呈现单调关系,一般在经验公式中可以不拟合切削速度对切削力的影响。

表 3-1 切削力实验数据

$f=f_0=0.3$ mm/r,$v_c=50$ m/min				$a_p=a_{p0}=3$ mm,$v_c=50$ m/min				
a_p/mm	1	2	3	4	f/(mm·r^{-1})	0.1	0.2	0.3	0.5
F_z/N	627.8	1 130.1	1 757.9	2 385.7	F_z/N	627.8	1 255.6	1 757.9	2 762.5

在对数坐标中绘出 a_p-F_z、f-F_z 的函数曲线,如图 3-8 所示。可以得到,a_p-F_z 的斜率和截距分别为 0.963 和 620,F_z-f 函数的斜率和截距分别为 0.907 和 5 000。

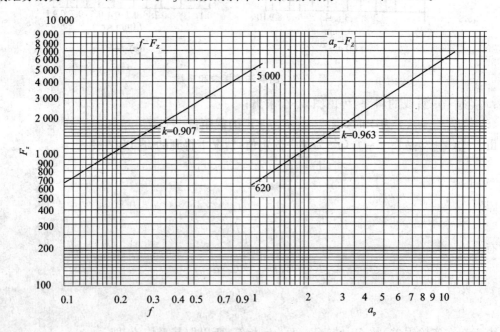

图 3-8 图解法求得的斜率与截距

图解法得到 a_p-F_z 与 f-F_z 的函数方程如下:

$$F_z = 620a_p^{0.963} \tag{3-10}$$

$$F_z = 5\,000f^{0.907} \tag{3-11}$$

也可用 Matlab 获得拟合直线的斜率和截距。$\lg(a_p)$-$\lg F_z$ 拟合直线的斜率和截距程序如下:

```
clear;
ap = [1 2 3 4];
Fz1 = [627.8 1130.1 1757.9 2385.7];
[p1,s1] = polyfit(log(ap),log(Fz1),1)
结果 p1 = [0.963 6.416]
```

因此，$a_p - F_z$ 函数方程的系数分别为 0.963 和 $600(e^{6.416})$。

$f(\lg(f)) - \lg F_z$ 拟合直线的斜率和截距程序如下：

```
f = [0.1 0.2 0.3 0.5];
Fz2 = [627.8 1255.6 1757.9 2762.5];
[p2,s2] = polyfit(log(f),log(Fz2),1)
结果 p2 = [0.918 8.576]
```

因此，$f - F_z$ 函数方程的系数分别为 0.918 和 $5\,303(e^{8.576})$。

由 Matlab 计算得到 $a_p - F_z$ 与 $f - F_z$ 的函数方程如下：

$$F_z = 600 a_p^{0.963} \tag{3-12}$$

$$F_z = 5\,303 f^{0.918} \tag{3-13}$$

图解法与 Matlab 程序计算得到的 $a_p - F_z$ 与 $f - F_z$ 的函数方程基本一致。下面应用式 $(3-12)$ 和式 $(3-13)$ 进一步求解切削力 F_z 的经验公式。

当 $f = f_0 = 0.3 \text{ mm/r}$ 时，

$$F_z = C_{1F_z} \cdot a_p^{0.963} \cdot 0.3^{0.918} = 600 a_p^{0.963}$$

$$C_{1F_z} = \frac{600}{0.3^{0.918}} = 1\,811$$

当 $a_p = a_{p0} = 3 \text{ mm}$ 时，

$$F_z = C_{2F_z} \cdot 3^{0.963} \cdot f^{0.918} = 5\,303 \cdot f^{0.918}$$

$$C_{2F_z} = \frac{5\,303}{3^{0.963}} = 1\,842$$

取平均数

$$C_{F_z} = \frac{C_{1F_z} + C_{2F_z}}{2} = 1\,827$$

故切削力 F_z 的经验公式为

$$F_z = 1\,827 \cdot a_p^{0.963} \cdot f^{0.918} \tag{3-14}$$

采用 Matlab 解超定方程也可以利用经验公式求解，程序如下：

```
clear;
ap = [1 2 3 4 3 3 3 3]';
f = [0.3 0.3 0.3 0.3 0.1 0.2 0.3 0.5]';
Fz = [627.8 1130.1 1757.9 2385.7 627.8 1255.6 1757.9 2762.5]';
```

```
e = [ones(size(ap)) log(ap) log(f)];
c = e\og(Fz)
c =
    7.521
    0.962
    0.918
>> exp(7.521)
ans =
  1.846e + 003
```

求得 F_z 的经验公式如下：

$$F_z = 1\,850 \cdot a_p^{0.962} \cdot f^{0.918} \tag{3-15}$$

三、实验设备

实验设备主要包括车床、Kistler 三向测力仪系统、数据采集卡、PC 机及切削力数据采集与处理系统。它使用了多个石英传感器，能够测量出物体在 x、y、z 三个方向的三维分力大小和力矩值。试验中采用的压电式测力仪及其电荷放大器如图 3-9 所示。测力仪型号为 Kistler 9265B，如图 3-10 所示，其几何尺寸为长 220 mm，宽 135 mm，高 80 mm。其特点为分辨率高、非常坚固、固有频率高、对温度变化不敏感（内置冷却循环系统）。测力仪需要配面板，防腐蚀，防水喷溅和冷却液浸入。该测力仪可用于车削、铣削和磨削中的切削力测量。

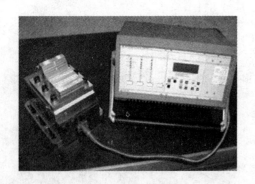

图 3-9　压电式测力仪及其电荷放大器

图 3-10　三分量测力仪 Kistler 9265B

切削力测量实验装置如图 3-11 所示。

图 3-12 和图 3-13 分别为 Kistler 测力仪的设置界面以及三向切削力记录界面。

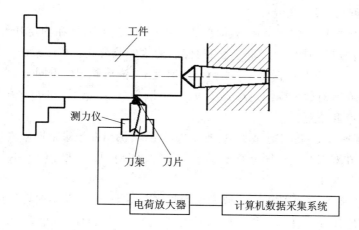

图 3 - 11　切削力测量实验系统原理图

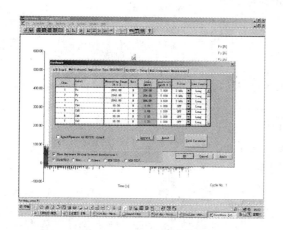

图 3 - 12　条件设置界面

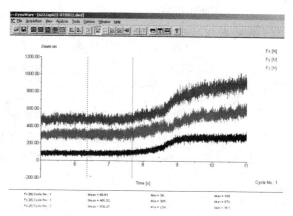

图 3 - 13　三向切削力记录界面

四、实验内容与步骤

1. 确定实验条件范围

准备工件、刀具,进行硬件连线以及软件设置。

① 工件材料:45 钢(正火),HB187。

② 刀具材料:YT15,规格 4K16;刀具几何参数:前角 $15°$,后角 $7°$,副后角 $5°$,主偏角 $75°$,副偏角 $15°$,刃倾角 $0°$,刀尖圆弧半径 0.2 mm。

③ 机床:C630 - 2 以及 Kistler 测力仪。

2. 采用单因素法设计实验

切削力测量实验设计方法很多,最简单的是单因素实验法,即在固定其他因素,只改变一个因素的条件下测出切削力,然后进行数据处理,建立经验公式。单因素法主要步骤如下:

① 固定进给量 f 和切削深度 a_p,改变切削速度 v_c,测出并记录不同 v_c 对应的三向切削分力 F_z、F_y 和 F_x,在双对数坐标图上绘出 $f(v_c)-\lg F_z$、$f(v_c)-\lg F_y$ 和 $f(v_c)-\lg F_x$ 关系图,分别求出各线的斜率和截距。

② 固定切削速度 v_c 和切削深度 a_p,改变进给量 f,测出并记录不同 f 对应的三向切削分力 F_z、F_y 和 F_x,在双对数坐标图上绘出 $f(f)-\lg F_z$、$f(f)-\lg F_y$ 和 $f(f)-\lg F_x$ 关系图,分别求出各线的斜率和截距。

③ 固定切削速度 v_c 和进给量 f,改变切削深度 a_p,测出并记录不同切削深度 a_p 对应的三向切削分力 F_z、F_y 和 F_x,在双对数坐标图上绘 $f(a_p)-\lg F_z$、$f(a_p)-\lg F_y$ 和 $f(a_p)-\lg F_x$ 关系图,分别求出各线的斜率和截距。

④ 写出三向切削分力的三直线方程,求系数得经验公式。

3. 进行数据处理

进行数据处理并建立切削力经验公式。

五、复习思考题

1. 试分析切削用量三要素对切削力的影响规律。
2. 从减小切削力的角度出发应该如何选择切削用量? 为什么?
3. 分析前角、后角和主偏角对切削力的影响规律。

实验四　切削温度的测量及其经验公式的建立

一、实验目的

➢ 理解自然热电偶测温原理,掌握切削温度的测试方法。
➢ 掌握单因素实验设计方法,加深对切削用量影响切削温度变化趋势的理解。
➢ 掌握图解法建立经验公式的方法,加深对动态实验数据处理方法的理解。

二、实验原理

(一) 切削热来源

切削过程中所消耗的机械功几乎全部转化为热能。如图 4-1 所示,切削时的热源有:主要产生塑性变形的第一变形区;切屑与前刀面摩擦区,即第二变形区;后刀面与工件加工表面摩擦区,即第三变形区。实验表明,切削时被切屑带走的热量最多,传给工件的热量居其次,传给刀具的热量很少,传给周围介质的热量最少。

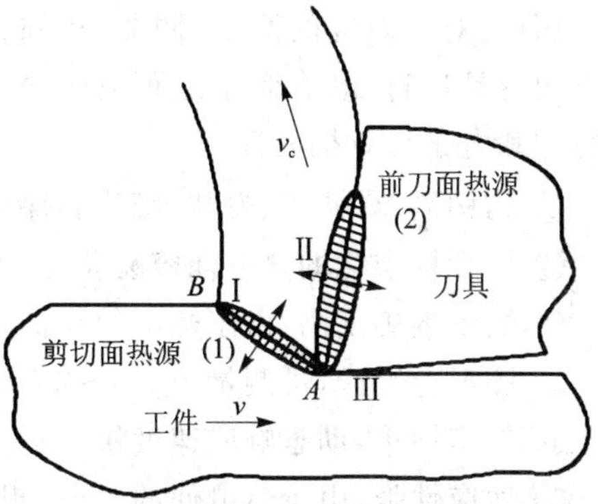

图 4-1　切削过程中的热源

(二) 热电偶测温法

切削温度一般是指温度达到平衡状态后,切削区零件与刀具接触面间的平均温度。切削温度的测试方法有很多,如图 4-2 所示。本实验中采用的是自然热电偶测温法。

1. 热电偶测温原理

热电偶的工作原理是:当两种不同的导体两端连接成回路时,由于接合点温度不同,会在回路里产生热电流现象,这种现象称为温差电效应或塞贝克效应。热电偶就是基于这种热电效应而工作的。热电偶由 2 根不同导线(热电极)A 和 B 组成,如图 4-3 所示,它们一端互相焊接(如 1 端),形成热电偶的工作端、测量端或热端,用它插入待测介质中测量温度。另一端(如 2 端)温度保持恒定,称为参考端或自由端。通常,把参考端也称为冷端。利用两端(热端

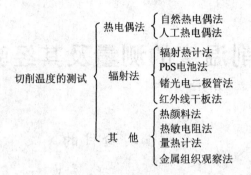

图 4 - 2　切削温度的测量方法

和冷端)温差和热电势的函数关系来测量温度。由此可见,热电偶就是利用热电势随两接合点温度变化的特性来测量温度的。

　　热电偶是目前温度测量领域中应用最广泛的感温元件之一。它的特点如下:

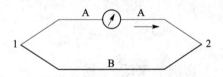

图 4 - 3　热电偶工作原理示意图

　　① 热电偶可以直接将温度信号转换成电信号。因此,对于温度的测量、调节、控制、放大及变换都很容易进行,既有利于远距离传送,又便于集中管理和电子计算机处理。

　　② 结构简单,使用、安装、维修和保养都很方便。

　　③ 国际标准化的热电偶容易获得,价格比较低廉。

　　④ 测量准确度高,由于热电偶与被测介质直接接触,因此测量的是真实温度。

　　⑤ 测温范围广,可测量-200~2 800 ℃范围的温度。

　　⑥ 热惯性小,动态响应速度快。

　　⑦ 适应性强,由于热电偶的品种、规格齐全,可以根据使用的特殊要求和具体条件,选择适当的材料品种和尺寸、规格制成体积大小不同和形状各异的热电偶,以满足不同的测温需要。它既可以测量物体的表面温度、高速过程的瞬变温度,又可以测量特定部位或狭小场所的温度。

　　由于热电偶具有上述特点,因此它在工业生产和科学研究实验中得到了广泛的应用。但热电偶测温也有其局限性:

　　① 热电偶插入温度场中会改变温度场的原来状态,被测温度会稍偏离原来的实际温度。

　　② 由于热电极材料受熔点的限制,测温上限不能无限提高,测温准确度难以超过 0.2 ℃。

　　③ 使用时,必须使参考端温度恒定,否则将引起测量误差。

　　④ 在高温或长期使用的情况下,易受被测介质和环境气氛影响,使热电偶腐蚀变质,降低使用寿命。

热电偶的分类方法繁多,可以按用途、结构和材料等方法来划分,具体分类如下:

① 按热电极材料分有:贵金属热电偶、廉金属热电偶、贵-廉金属混合式热电偶、难熔金属热电偶及非金属热电偶。

② 按使用温度范围来分有:高温热电偶、中温热电偶和低温热电偶。

③ 按热电偶的结构类型来分有:普通热电偶、铠装热电偶、薄膜热电偶及各种专用热电偶(如测量表面温度用的表面热电偶,测量熔融金属用的快速微型热电偶,测量气流温度的抽气式热电偶及测量有爆炸性气体混合物的隔爆热电偶等)。

④ 按工业标准化情况分有:标准化热电偶和非标准化热电偶。

2. 自然热电偶法

自然热电偶法是以不同化学成分的刀具和工件作为热电偶的两极,组成热电回路测量切削温度的方法。图 4-4 所示为用自然热电偶测量切削温度的附加电势补偿电路原理图。

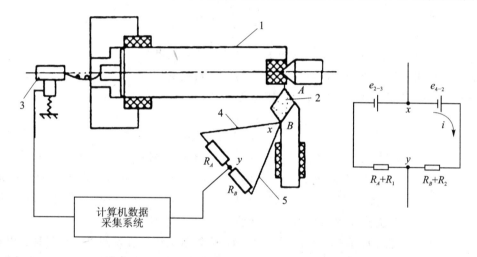

1—工件;2—刀片;3—集流器;4—康铜丝;5—铜丝

图 4-4 用自然热电偶测量车削温度及附加电势补偿电路原理图

切削加工时,刀具和工件接触区处在较高的切削温度作用下,形成热电偶的热端,工件与刀具的引出端形成热电偶的冷端。在此回路中必然有热电势产生,如用仪表将其值测出或记录下来,再根据事先标定的刀具-工件热电偶热电势与温度的关系曲线(标定曲线),便可得到刀具与工件接触区的切削温度值。用自然热电偶法测得的是切削区的平均温度,切削区指定点的温度则不能测得。另外,不同的刀具材料与工件材料所组成的热电偶,均要进行标定,使用起来不太方便。刀具和工件必须与机床绝缘,以免热电偶短路。旋转的工件与机床主轴后端的铜销相连,通过不转的铜顶尖将热电势引出。由于刀片尺寸不大,刀片尾端(冷端)的温度实际上并不能保持室温,而是比室温高得多。这时,从刀片尾端引出导线将产生附加热电势,影响测量精度。为了消除这个附加热电势,在刀片的冷端 x 点,引出两根与刀片材料热电极性相反的金属丝,例如铜丝和康铜丝,再接上可变电阻 R_A 和 R_B 组成回路,调节 R_A 和 R_B 的电阻值,使 x 和 y 两者的电位相等(y 为可变电阻触点),此时附加热电势即可消除。

所谓补偿电路法,即在刀具-工件自然热电偶回路中,外加一个与附加温差电势值相等而方向相反的温差电势,而且其补偿量的大小随刀片引出端(冷端)温度的变化而改变,以达到自动补偿的目的。

图 4-4 给出了一种补偿电路原理,即在刀片引出端点 $B(x)$ 引出两根对硬质合金刀片材料电势方向相反,且与温度有线性关系热电特性的铜丝(或康铜丝),调节 R_A、R_B 的电阻值,使 x、y 两点处的电位相等,附加电势即被消除。由等效电路图可知

$$e_{2-3} = i(R_A + R_1) \qquad (4-1)$$

$$e_{4-2} = i(R_B + R_2) \qquad (4-2)$$

由克希霍夫定律,得

$$\frac{e_{2-3}}{e_{4-2}} = \frac{R_A + R_1}{R_B + R_2} \qquad (4-3)$$

式中:e_{2-3}——硬质合金与康铜丝在点 x 处产生的附加温差电势。

e_{4-2}——铜丝与硬质合金在点 x 处产生的附加温差电势。

R_1、R_2——康铜丝、铜丝的电阻值,因值很小,固有

$$\frac{e_{2-3}}{e_{4-2}} = \frac{R_A + R_1}{R_B + R_2} \approx \frac{R_A}{R_B} \qquad (4-4)$$

R_A、R_B——补偿电阻,由同硬质合金和补偿导线的材料选值一般可固定在 $R_A = 30 \sim$
100 Ω;R_B 由温度查出对应的 e_{2-3}、e_{4-2},再计算得出。也可将刀片引出端点
x、y 接到高阻抗的测量仪表(如精密电位差计)上,在某一温度时调整 R_B 值,
使电位差计达到平衡,此时回路中附加电势即得到了补偿。

用刀具-工件自然热电偶测回路的温差电势时,必须解决快速旋转的工件与刀具引出端如何相连及使回路中的电势传导出来的问题,这种把旋转回路电势传导出来的装置称为集流装置(或称集流器)。由于集流器旋转接触处有接触电阻存在,会产生一定的接触电势,也会给测量带来误差。因此,必须合理选择集流器的结构和材料,使接触电阻尽量小,集流器主要有水银集流器和环刷集流器两类。由于水银集流器存在防护问题,故常采用环刷结构。由热电偶回路中均质导体定律知,接触环与电刷如采用同一材料,环刷接触处虽有温升但也不产生附加接触电势。环刷集流器结构有簧片环刷式和顶尖环刷式两种,图 4-5 所示为环刷集流器结构原理。

3. 人工热电偶法

这是将两种预先标定好的金属丝组成的热电偶热端焊接在刀具或工件待测温度点上,尾端通过导线串接在电位差计或毫伏表上,切削时根据表上的指示数值,参照标定曲线,便可得知欲测点的切削温度。图 4-6 所示为用人工热电偶法测量刀具(图 4-6(a))和工件(图 4-6(b))上某点温度的示意图。安放热电偶金属丝的小孔直径要尽可能小,以反映切削过程的真实温度,

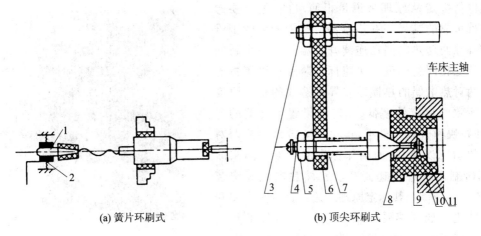

(a) 簧片环刷式　　　　　　　(b) 顶尖环刷式

1—接触环；2—电刷；3—螺栓；4—铜顶尖；5—螺母；6—电木连接板；7—弹簧；
8—铜堵；9—电木堵；10—垫圈；11—开口钉

图 4－5　环刷集流器结构原理图

同时对金属丝应采取绝缘措施。

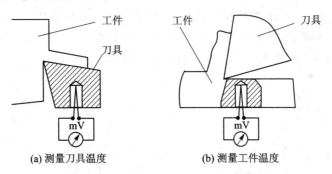

(a) 测量刀具温度　　　　　　　(b) 测量工件温度

图 4－6　人工热电偶测量刀具和工件的温度

人工热电偶法只能测得距离刀面某一距离处某点的温度，不能直接测得前刀面温度。要知道前刀面的温度，还要用有关传热学的公式进行计算。

（三）工件-刀具热电偶标定

由工件和刀具材料参与构成的热电偶一般均为非标准热电偶，其输出电势与温度之间的对应关系并无现成表格可查，故欲用于测温必须通过专门的标定实验。

传统标定方法（即坩锅炉标定法、辐射炉加热标定法与管形电阻炉标定法）可以得到相对稳定的静态结果，但是其标定时间长、效率低，尤其是硬质合金的标定试棒制作困难，因此单接点热电偶快速标定方法逐步取代了传统标定方法。这种方法设备简单，操作方便，应用广泛。

热电偶标定从原理来说是很简单的,但是要想得到准确可靠的结果却并不容易。其中最大的困难是很难确保两对热电偶在连续升降温的每一个瞬间都严格感受相同的温度。快速标定装置克服了参与标定的两对热电偶的热惯性差异所造成的感受温度不同步所致的标定效率低、标定结果置信度差的弊病,即使在快速升温条件下,也可以有效地消除两对热电偶的响应误差,从而确保标定的精度。南京航空学院研制出一种快速高精度自然热电偶标定装置,如图4-7所示,其标定原理为用待标定热电偶和一对标准热电偶来感受同一个温度,通过标准热电偶可测得该温度值,而该温度值又与待标定热电偶测得的热电势相对应,这样就可以得到待标定热电偶的热电特性关系,即标定曲线。

图4-7 快速标定装置

为了能从一个点上引出两对热电偶,先在待标定的工件(或刀具)材料制成的试件C的头部加工出厚度不大于0.5 mm的薄膜,然后用直径为0.5 mm且端部磨尖的标准镍铬丝A和镍铝丝B顶紧在该薄膜上,如图4-8所示。A,B和C的交汇点就是公共的热端(温度为T)。热电极A和B组成标准热电偶,而A与C则组成待标定的热电偶。

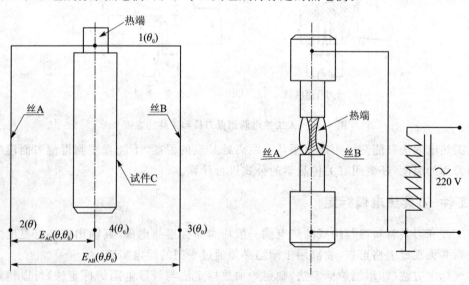

图4-8 自然热电偶标定装置简图

本装置采用的加热方式是用乙炔喷枪加热,它可以提供标定时所需的温度。在标定过程中,直接用乙炔喷枪的火焰在试样端部加热。然后用 HP3562 动态信号分析仪同步采集两对热电偶在加热过程中的热电势 E_{AB} 与 E_{AC}。这样就得到了实验过程中的原始数据,再对数据进行处理就可以得到待标定热电偶 AC 的热电特性关系。图 4 - 9 所示为 45 钢-康铜和 YT15 -康铜热电偶的标定曲线。

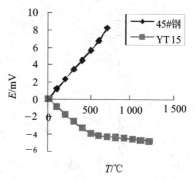

图 4 - 9　45 钢-康铜和 YT15 -康铜的热电偶标定曲线

该装置成功地解决了长期存在的升温速度慢、重复性差、标定曲线受升降温速度影响以及对刀片直接进行标定困难等问题。装置可以在 2～3 s 时间内实现从室温升到 1 000 ℃ 的标定速度,且在不同的升温速度下,均能得到一致的且准确可靠的标定值。

为了使用方便,一般标定曲线是在参考端温度为 0 ℃ 时制定的,而测量切削温度时所用参考端温度不是 0 ℃,而是不同的环境温度 θ_n。

由热电偶原理知

$$E_{AC}(\theta,\theta_n) = E_{AC}(\theta,0) - E_{AC}(\theta_n,0) \qquad (4-5)$$

式中:$E_{AC}(\theta,0)$——所需热电势值;

$\quad E_{AC}(\theta,\theta_n)$——测量仪器测量的热电势值;

$\quad E_{AC}(\theta_n,0)$——相应于参考端温度的热电势修正值。

当测量切削温度时参考端温度 $\theta_n \neq 0$ ℃ 时,热电偶的输出电势 $E_{AC}(\theta,\theta_n)$ 不等于标定曲线上所需要的电势值 $E_{AC}(\theta,0)$。因此,对参考端温度不为 0 ℃ 时的测量及标定的电势值必须进行修正。

当标定时参考端温度已修正到 0 ℃ 时,实验测得电势值的修正,只要量出测量时参考端温度 θ_n,查出曲线上的 $E_{AC}(\theta_n,0)$ 值,按公式 $E_{AC}(\theta,0) = E_{AC}(\theta,\theta_n) + E_{AC}(\theta_n,0)$ 修正即可(见图 4 - 10(a))。

当标定时参考端温度未修正为 0 ℃ 时,先要把标定曲线参考温度修正到 0 ℃。其方法是:根据标定时参考端温度 θ_n,从标准势电偶分度表上查出 $E_{AB}(\theta_n,0)$ 的值(见图 4 - 10(b)),即得从原点 O' 左移 $E_{AC}(\theta,0)$ 所对应的 y 轴上的 $E_{AC}(\theta,0)$ 坐标。由于 $E_{AC}(\theta_n,0)$ 标定曲线尚属未知,又无表可查,可利用已标定曲线的近似值外延求得 $E_{AC}(\theta_n,0)$ 的值,即可得出 x 轴上的 $E_{AB}(\theta_n,0)$ 坐标所对应的 $E_{AB}(\theta,0)$ 的值。

(四) 切削温度经验公式

切削温度的影响因素有:切削用量、刀具几何参数、刀具磨损状态、工件材料和切削液。切削温度经验公式的一般形式如下:

$$\theta = C_\theta a_p^{x_\theta} f^{y_\theta} v_c^{z_\theta} K_\theta. \qquad (4-6)$$

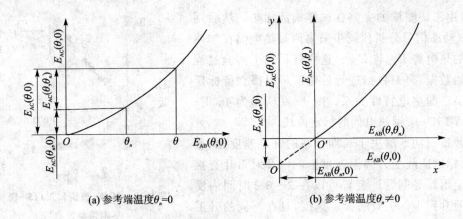

(a) 参考端温度θ_n=0   (b) 参考端温度θ_n≠0

图 4-10　参考端温度的修正原理

式中：C_θ——取决于工件材料和刀具材料；

K_θ——切削条件与经验公式条件不同时,各种因素对切削温度影响的修正系数之积；

x_θ、y_θ、z_θ——与工件材料和刀具材料有关,通常,$z_\theta > y_\theta > x_\theta$。

切削速度提高后,切削温度上升显著,有时会超过工件材料的熔点。进给量增加,切削温度将上升,但上升速度缓慢。切削深度增加,切削温度上升不明显。

三、实验设备

确定实验条件范围,准备工件、刀具、热电偶和 HP3562 动态信号分析仪。切削温度测量实验装置如图 4-11 所示。

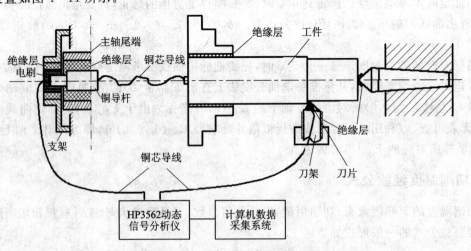

图 4-11　切削温度测量实验系统

四、实验内容与步骤

1. 确定实验条件范围,准备工件、刀具

① 工件材料:45 钢(正火),HB187。

② 刀具材料:YT15,规格 4K16;刀具几何参数:前角 15°、后角 7°、副后角 5°、主偏角 75°、副偏角 15°、刃倾角 0°及刀尖圆弧半径 0.2 mm。

③ 机床:C630-2,自然热电偶。

2. 标定热电偶

连接实验测试系统,标定热电偶。

3. 采用单因素法设计实验

在固定其他因素,只改变一个因素的条件下测出切削力以及切削温度,然后进行数据处理,建立经验公式。

① 固定进给量 f 和切削深度 a_p,改变切削速度 v_c,测出并记录不同 v_c 对应的切削温度 θ,在双对数坐标图上绘出 $f(v_c)-\lg\theta$ 关系图,分别求出各线的斜率和截距。

② 固定切削速度 v_c 和切削深度 a_p,改变进给量 f,测出并记录不同 f 对应的切削温度 θ,在双对数坐标图上绘出 $f(f)-\lg\theta$ 关系图,分别求出各线的斜率和截距。

③ 固定切削速度 v_c 和进给量 f,改变切削深度 a_p,测出并记录不同切削深度 a_p 对应的切削温度 θ,在双对数坐标图上绘 $f(a_p)-\lg\theta$ 关系图,分别求出各线的斜率和截距。

④ 写出切削温度的直线方程,求系数,得经验公式。

4. 分析影响

根据经验公式分析切削用量对切削温度的影响。

五、复习思考题

1. 切削热是如何产生与传出的?

2. 切削温度的测量方法有哪些?其中分别适合测量平均温度和点温度的方法是哪些?

3. 分析切削用量三要素对车削温度的影响规律,并与切削用量对切削力的影响规律作对比。

实验五　刀具磨损观察及 $T-v_c$ 关系式的建立

一、实验目的

➤ 了解刀具磨损的各种形态及其产生的机理。

➤ 初步掌握测量刀具磨损的一般方法，并观察车刀的磨损过程。

➤ 作出刀具磨损曲线，求出 $T-v_c$ 关系式。

二、实验原理

(一) 刀具磨损的形态

刀具在切削加工中不可避免地会受到一定的损伤，刀具常见磨损机理主要包括机械磨损、粘结磨损、扩散磨损以及氧化磨损等，常见的损伤形式有月牙洼、崩刃、热裂纹、缺口、异常碎屑、积屑瘤、塑性变形及材料剥离等，这些损伤形式不是单个出现，它们经常是互相关联且同时发生的，把它们综合起来，如图 5-1 所示。

图 5-1 介绍了各种损伤形式，由于硬质合金刀具在现实生产中应用最为广泛，下面结合硬质合金刀具对各种损伤发生的机理、与损伤有关联的硬质合金刀片的组成及它们的特性进行概括，如表 5-1 所列。

表 5-1　硬质合金刀具损伤总结表

损伤分类	损伤形态	机　理	与之有关的特性及组成
机械磨损	磨损	在摩擦热比较小时，由工件材料中的硬质颗粒或是从硬质合金上落下的微小颗粒引起更小颗粒的脱落	硬度、压缩强度，Co 含量、WC（碳化物）颗粒的大小
热磨损	磨损	在高温下使用时，或是由于摩擦热，合金的结合强度变低，促进了磨损	硬度、压缩强度、热传导率，Co 的含量、TiC 以及 TaC 的含量
积屑瘤	磨损、月牙洼、小的碎裂	在高压下进行摩擦，工件材料和刀具局部附着，当其强度高于合金的结合强度时，发生细微的脱落，由此产生磨损和碎裂	硬度、压缩强度、韧性，Co 的含量

续表 5－1

损伤分类	损伤形态	机　　　理	与之有关的特性及组成
粘结扩散	月牙洼	在高温、高压下,刀具和工件材料接触时,或是产生大量的摩擦热时,由于粘结和扩散合金发生变质而劣化,加快了磨损	TiC、TaC 以及 Co 的含量、WC(碳化物)颗粒的大小
塑性变形	变形、凹下、突起、切削刃歪斜、缺口及磨损	由于高温使强度降低,或是受到弹性极限以上的力时使粘结层变形,然后产生缺口、开裂等	硬度、压缩强度、弹性极限、韧性、Co 的含量
缺口裂缝	开裂、崩坏、崩刃	内部变形,机械冲击,塑性变形,由于反复的应力变化发生疲劳,或是超过临界强度时在局部发生崩坏或是开裂	韧性、拉伸强度、承受冲击力的特性、Co 的含量、WC(碳化物)颗粒的大小
热开裂	开裂、崩坏	由于热冲击或是局部加热,发生开裂以至于破坏	韧性、热膨胀率、热传导率、TiC、TaC 以及 Co 的含量

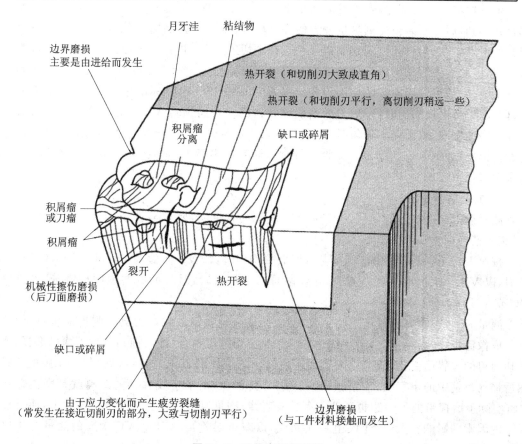

图 5－1　刀具磨损形态图

（二）刀具磨损的测量

在切削加工中，由于切屑与前刀面之间、工件与后刀面之间都存在着摩擦，各种损伤可以分为前刀面磨损、后刀面磨损以及前后刀面同时发生磨损，如图 5-2 所示。

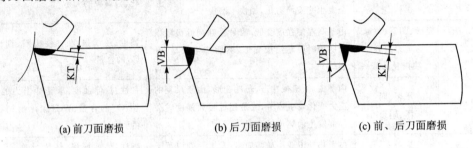

(a) 前刀面磨损   (b) 后刀面磨损   (c) 前、后刀面磨损

图 5-2　刀具的三种典型磨损形式

随着切削条件的变化，磨损的方式也不同。在生产中，不论粗加工或精加工，后刀面磨损都存在，同时后刀面磨损的测量也较方便，所以一般都以后刀面磨损值制定车刀的磨钝标准。刀具磨损发生在后刀面时，观察磨损形状。在主切削刃上，由于刀具的前角以及前刀面发生少量磨损，因此磨损后其切削刃比原来切削刃略有降低。为了精确地测量 VB 值，首先应确定一条基准线，一般可以用原来的切削刃作为基准。按照 ISO 国际标准中规定，当切削刃参加工作部分的中部磨损均匀时，以后刀面磨损带 B 区的平均磨损量 VB 所允许达到的最大磨损尺寸作为磨钝标准，若磨损不均匀时，则取 B 区最大磨损值 VB_{max} 所允许达到的最大磨损尺寸作为磨钝标准（如图 5-3 所示）。实验测量时应同时读出后刀面磨损带 B 区的平均磨损量 VB 和最大磨损值 VB_{max}。

1. 显微镜测量法

测量后刀面磨损一般使用工具显微镜或读数显微镜，要求显微镜的放大倍数不小于 20 倍，读数精确到 0.01 mm。

按照 ISO 有关标准中的规定，当 B 区磨损均匀时，以 VB 作为测量尺寸；当 B 区磨损不均匀时，以 VB_{max} 作为测量尺寸；有时，在切削难加工材料时，后刀面的磨损图形特殊，也可以用 VC 或 VN 作为测量尺寸。

测量时，将被测刀具置于适当位置，即应使显微镜物镜轴线与刀具切削平面垂直，调节物距使成像清晰，转动目镜，使十字线中的一条与主切削刃重合（因有前角且后刀面已磨损，实际主切削刃的位置已变化，故应以未参加切削部分的主切削刃作为基线，见图 5-4 中的 I 线）。然后移动目镜中的十字线，使磨损带另一边与其重合，则十字线移动的距离就是磨损带宽度 VB（实际上磨损带的另一边也并非一条整齐直线，测量时十字线要对在平均高度上，而且读数时主观因素的影响较大，故建议由一人完成，以减小误差）。VB_{max}、VC、VN 的测量方法可以此类推。

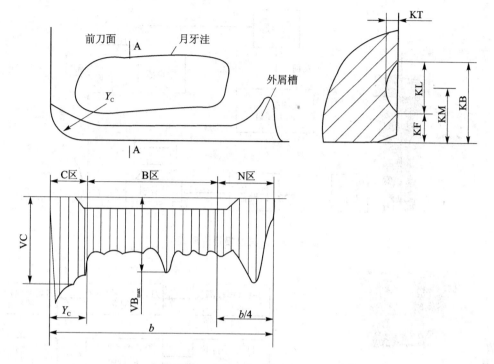

图 5－3　车刀典型的磨损形式

2. 基于机器视觉的计算机系统测量法

基于机器视觉的计算机系统测量法利用数码相机（摄像头）拍摄刀具后刀面磨损图像，利用计算机对刀具磨损图像进行处理，得到刀具磨损状况，确定刀具磨损量，如图5－5所示。利用计算机控制显微镜数码摄像头的转动，调节摄像头的照明亮度，以及采集显微镜数码摄像头拍到的照片。为使测量结果精确，在磨损带上要选择10～15个有代表性的测量点，取其平均值作为最终测量结果。

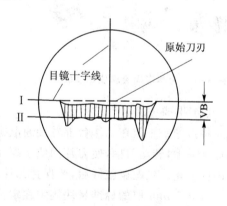

图 5－4　后刀面磨损带的测量

基于机器视觉的计算机系统由光源件、显微镜、数码相机（摄像头）、安装架、计算机以及连接线等组成，如图5－6所示。

刀具磨损检测仪的测量过程流程图如图5－7所示。

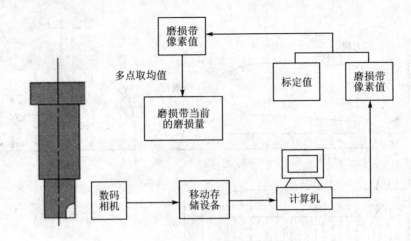

图 5-5 刀具磨损检测原理

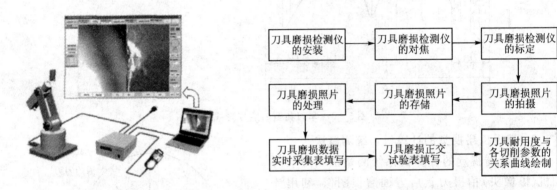

图 5-6 刀具磨损检测仪器及软件　　图 5-7 刀具磨损检测仪测量过程流程图

(1) 摄像头的对焦和标定

将摄像头平放在工作台上并接通电源,移动机床 z 轴使刀具刀尖部分紧靠在光源安装座的底平面上,转动刀柄,使刀片图像呈现在相机视野内。调整相机焦距,直到照片达到满意的清晰度为止。焦距调整好后,要保持部件间的装配位置不变,否则焦距将发生变化。

将 0.5 mm 厚的标准量块固定在定位转块上(可用橡皮泥粘附),确保量块被测面与光源安装座的底平面平行。调整相机光圈 F 值(F 值的范围为 2.6～4.0)到 2.6,拍摄量块照片;依次增大 F 值并拍摄照片,直到对应所有 F 值的照片拍摄完毕;将 15 张标定照片导入图像处理软件中,获取每张照片的水平方向像素值 $N(i)$;计算标定结果,$Result(i)=0.5/N(i)$,单位为 mm/像素。所有的标定结果都是在同一个焦距下进行的,如果相机的焦距发生变化,则需要重新进行标定。

（2）刀具磨损图像的拍摄和处理

在刀具初期磨损阶段测量时间间隔可取得短一些,根据试验参数的不同,初期磨损阶段一般在 20 min 左右;正常磨损阶段测量时间间隔可取长一些,接近磨钝标准时,再适当缩短时间间隔。拍照时要把刀片上粘附的切削液等杂物清除干净,且要注意照片与刀片号的对应关系,根据标定结果获得后刀面磨损量。

（三）刀具耐用度

1. 刀具的磨钝标准

刀具磨钝标准是刀具磨损程度的某一临界值,当磨损超过该值时,则刀具不得继续使用。刀具磨钝标准可分为生产现场用磨钝标准和刀具耐用度试验用磨钝标准。

生产现场用磨钝标准又分为刀具完全失效、工件尺寸加工偏差或加工表面粗糙度上升等标准。国际标准 ISO 推荐的车刀耐用度试验用磨钝标准如下:

① 高速钢或陶瓷刀具,可以是下列任何一种:破损;如果后刀面在 B 区内是有规则的磨损,取 $VB = 0.3$ mm;如果后刀面在 B 区内是无规则的磨损、划伤、剥落或严重的沟痕,取 $VB_{max} = 0.6$ mm。

② 硬质合金刀具,可以是下列任何一种:$VB = 0.3$ mm;如果后刀面是无规则的磨损,取 $VB_{max} = 0.6$ mm;前刀面磨损量 $KT = 0.06 + 0.3f$,其中 f 为进给量。

2. 刀具耐用度

一把新刀具从开始切削直到磨损量达到磨钝标准为止总的切削时间,或者说刀具两次刃磨之间总的切削时间,称为刀具耐用度,一般以 T 表示。工件材料确定后,刀具耐用度和切削用量的关系可以通过试验建立经验公式。T 和 v_c 的关系如下:

$$v_c T^m = A \qquad (5-1)$$

式中:T——刀具耐用度;

v_c——切削速度;

m——双对数坐标下 v_c 和 T 直线的斜率。

式(5-1)表示刀具耐用度与切削速度的关系,即泰勒方程,是选择切削速度的重要依据。在某种程度上 m 能定量地说明切削速度对耐用度的影响程度。当 m 值愈小,T 随着 v_c 的增大而下降得愈快。若同时考虑进给速度、切削深度的影响,则可获得扩展泰勒方程,形式如下:

$$T = \frac{C_T}{a_p^{1/p} f^{1/n} v_c^{1/m}} \qquad (5-2)$$

式中:a_p——切削深度;

f——进给速度;

v_c——切削速度;

T——刀具耐用度;

C_T——常量。

（四）刀具后刀面磨损曲线及 $T\text{-}v_c$ 曲线的绘制

1. 刀具磨损曲线绘制

磨损曲线是表示刀具磨损量与切削时间的关系曲线。它是在一定切削条件下进行切削，并且以切削时间为横坐标，并以相应的刀具磨损量为纵坐标，把这两个量的关系在直角坐标系中表示出来。由于后刀面的磨损量 VB 比较容易测量，故常以其作为待测量，图 5-8 所示为车刀典型的磨损曲线。

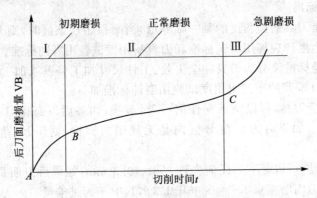

图 5-8　车刀典型磨损曲线

在连续切削的状态下，由于目前没有合适的方法测出刀具后刀面的磨损量 VB，故使用逐点停车测量法，也就是相隔一定的时间测一次 VB 的值，直至达到预先规定的磨钝标准。不同的磨损阶段所处的时间不同，磨损的速度不同，取测量点的时间间隔也不相同。从磨损曲线（图 5-8）可以看出，初期磨损阶段磨损较快，正常磨损阶段磨损较慢，而急剧磨损阶段磨损很快。因此，在初期磨损阶段测量时间间隔应取短一些，而正常磨损阶段则可将测量时间间隔取长一些，在急剧磨损阶段时间间隔取短些，并时刻注意异常现象的发生。

2. 刀具 $T\text{-}v_c$ 曲线的绘制

在每次刀具磨损曲线绘制的实验中都需要保持切削速度恒定，选定不同速度进行多次实验，速度由小变大测出不同切削速度的刀具磨损曲线放于一个坐标系中，如图 5-9(a)所示。磨损曲线作出后，可在其坐标上量取规定的 VB 值，作出平行于横坐标轴的直线交四条磨损曲线于四个点，每个点对应的横坐标即为对应切削速度时的刀具寿命 T，在双对数坐标系下，画出不同的 (T,v_c) 坐标点，如图 5-9(b)所示，取点 (T_1,v_{c1})，(T_2,v_{c2})，(T_3,v_{c3})，(T_4,v_{c4})，把它们连接起来，由于在一定范围内这些点基本上分布在一条直线上，因此可以得到直线方程：

$$\lg v_c = -m\lg T + \lg A \tag{5-3}$$

式中：$m = \tan\phi$——直线的斜率的绝对值；

　　　$\lg A$——直线的纵轴截距。

式(5-3)转换为指数形式,即可得到泰勒公式。

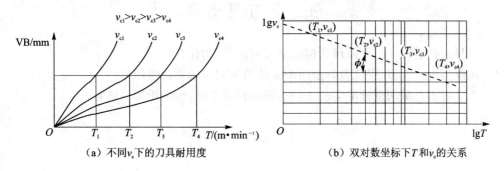

（a）不同 v_c 下的刀具耐用度　　　　（b）双对数坐标下 T 和 v_c 的关系

图 5-9　刀具耐用度和切削速度的关系

三、实验设备

C620-1普通车床、工具磨床、放大镜、读数显微镜、油石、量角台、秒表及试件。

在准备实验设备时应注意以下两点:

① 用做实验的车床,应有足够的刚性,以防切削过程中发生振动。在刀具耐用度实验中,切削速度是个很重要的因素,切削速度变化1%时,耐用度变化有时可达10%,因此,为使连续切削后,试件直径减小而仍保持切削速度不变,车床应能无级调速,如果原来车床不能无级调速,则应进行改装,配备无级调速装置。

② 试件长度与直径的比值不得大于会发生振动的最小值。当长度与直径的比值大于10时,一发生振动就应更换试件。应在试件一端的整个横截面上测定材料硬度,随着切削实验的不断进行,试件直径减小,硬度降低,当硬度超出原始硬度规范所规定的界限时,就应更换试件。实验前应将试件的所有轧制氧化皮或铸造表皮切除。

四、实验内容与步骤

实验内容及步骤如下:

① 用放大镜和读数显微镜观察并测量刀具磨损。

② 选用四个切削速度进行实验,根据实验数据,在一个直角坐标系中分别绘出四种切削速度下的刀具磨损曲线。

③ 根据刀具磨损曲线分别整理出相应速度条件下的刀具寿命,根据公式在双对数坐标纸上画出表征 $T-v_c$ 的关系曲线,获得 $T-v_c$ 的关系式。

五、复习思考题

1. 刀具磨损过程中三个阶段磨损速率有何不同，为什么？
2. 从提高生产效率、保证刀具使用寿命的角度如何选择切削用量？
3. 为节省刀具耐用度标准实验法的实验材料和工时，可采用哪些措施？

实验六　加工表面完整性分析

一、实验目的

➤ 加深对表面完整性所包含的各项指标的认识。
➤ 掌握测量加工硬化的基本原理及方法。
➤ 了解盲孔法测量残余应力的基本原理及方法。

二、实验原理

(一) 加工表面完整性的基本概念

在实际加工中,金属切削和磨削后获得的零件表面并不是完全的理想表面,中间总是存在着一定的表面粗糙度、残余应力、变质层、金相组织变化以及表面微裂纹等问题。这些问题虽然只产生在很薄的表面层中,却错综复杂地影响到机械零件的精度、耐磨性、尺寸稳定性、配合性质的保持、抗腐蚀性和疲劳强度等,从而影响产品的使用性能和寿命。

机械加工后在工件表面上形成了很薄的表面层,其特性与内部基体特性有很大区别。工件表面在整个切削过程中都处在挤压、断裂和摩擦的复杂受力状态下,进行弹性和塑性变形,在切削力、切削热和周围介质的共同作用下,改变了工件表面原有的几何特征和物理力学性能。

一般机械加工后的金属表面层可用图 6-1 表示其组成情况。图中将表面层分为内、外两层,外层主要由吸附气体层和氧化层组成,内层为变形层,变形层中金属会引起残余应力、硬度及金相组织的变化。表面层的厚度一般很难准确地确定,它随工件材料、加工方法和处理方法的不同而变化。表面氧化层厚度在 $1\sim1.5$ nm,有的达 $20\sim40$ nm 或更厚。当氧化层厚度超过 40 nm 时,可呈现氧化物的固有颜色。变形层要厚些,例如粗磨表面残余应力层厚度可达 0.318 mm,硬化层厚度可达 0.254 mm,塑性变形厚度可达 0.089 mm,而喷丸处理后变形层厚度可达 $0.5\sim1.5$ mm。

美国金属切削研究协会的 M. Filed 和 J. Kahles 于 1964 年提出了"表面完整性"的概念,并将其定义为:由于受控制的加工方法的影响,导致成品的表面状态或性能没有任何损伤,甚至有所加强的结果。"表面完整性"已被工业发达国家应用于生产中,用于评价和控制关键工

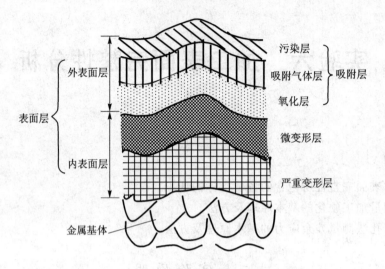

图 6-1　加工后金属表面层组成示意图

件在制造过程中表面状态和性能的变化,全面分析表面质量对产品性能的影响。

　　加工表面完整性是指零件机械加工后表面的微观几何特征和物理机械性能状态,其中加工表面微观几何特征主要包括表面粗糙度和表面波度,而加工表面的物理机械性能状态主要包括表层加工硬化、加工后的残余应力、表层金相组织的变化及表面裂纹等。本实验主要对两个指标进行测量:一是加工硬化程度的测量,二是加工残余应力的测量。

(二) 表面粗糙度的测量原理及方法

　　经过切削加工后的表面存在微观几何不平度,不平度的高度称为粗糙度。粗糙度包括进给方向的和切削速度方向的,通常所说的粗糙度是进给方向的。粗糙度分为理论粗糙度和实际粗糙度,后者一般比前者大得多。实际粗糙度大约由五部分组成:一是理论粗糙度,即由刀具切削刃形状、进给量及运动关系按几何关系求得的 H_1;二是伴随积屑瘤的生长、脱落形成的 H_2;三是由切削机理本身的不稳定因素、材料隆起等产生的 H_3;四是由切削刃与工件相对位置变动(振动)产生的 H_4;五是切削刃磨损、损坏造成的 H_5。评定表面粗糙度轮廓的参数通常有幅度参数和间距参数等,幅度参数包括轮廓的算术平均值 Ra 和轮廓的最大高度 Rz,间距特征参数指的是轮廓单元平均宽度 Rsm,表面粗糙度的检测方法通常有比较检验法、针描法、光切法及显微干涉法。下面介绍常用的针描法测量粗糙度原理。

　　针描法是利用仪器的触针在被测表面上轻轻划过,被测表面的微观不平度将使触针做垂直方向的位移,再通过传感器将位移量转换成电量,经过信号放大后送入计算机,在显示器上显示出被测表面粗糙度的评定参数值。也可由记录器绘制出被测表面轮廓的误差图形,其工作原理如图 6-2 所示。按针描法原理设计制造的表面粗糙度测量仪通常称为轮廓仪。根据转换原理不同,有电感式、电容式以及压电式轮廓仪等。此外,还有采用非接触测量的光学触针轮廓仪,它们都可以对已加工表面的粗糙度进行评价。

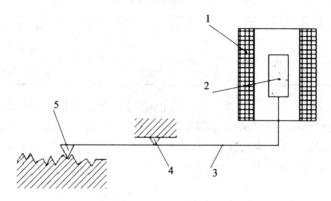

1—电感线圈;2—铁芯;3—杠杆;4—支点;5—触针

图 6-2 针描法测量原理示意图

(三) 加工硬化程度的测量原理

加工硬化是指加工表面层因塑性变形产生的冷作硬化。工件在机械加工过程中,产生加工硬化的主要原因是表面层金属产生严重的塑性变形,使得金属晶格发生了扭曲,晶粒被拉长、破碎,阻碍金属进一步变形而使金属强化,使表面层的强度和硬度均有提高。另一方面,已加工表面除了上述受力变形外,还受到切削温度的影响,如果切削温度低于工件材料的相变点,将使金属弱化,即硬度降低;更高的温度还将引起相变。因此已加工表面硬度是这种强化、弱化及相变综合作用的结果:当工件以塑性变形为主时,表现为表面硬化;当切削温度起主导作用时,要视相变情况而定。加工硬化通常用冷硬层深度和硬化程度来衡量,设硬化程度为 N,则有

$$N = \frac{HV - HV_0}{HV_0} \times 100\% \qquad (6-1)$$

式中:HV——加工后表面层的显微硬度(HV);

HV_0——原材料的显微硬度(HV)。

由于测量仪器一般选用维氏硬度计,由式(6-1)可知,利用维氏硬度计分别测出零件加工前、加工后的显微硬度值 HV_0 和 HV,可以计算出加工硬化程度 N 的值。

"显微硬度"是相对于"宏观硬度"而言的一种人为划分。如表 6-1 所列,根据 GB/T 4340 规定,目前的维氏硬度测量实验可以分为三大类,分类主要是根据压头施加试验力的大小,每类维氏硬度都有自己的硬度单位。显微维氏硬度指的是压头试验力范围为 0.01～0.02 kg (0.098 07～1.961 N)所测得的硬度值。

现代加工技术实验教程

表 6 - 1　维氏硬度的分类

试验力范围/N	硬度符号	试验名称
$F \geqslant 49.03$	$\geqslant$ HV5	维氏硬度试验
$1.961 \leqslant F < 49.03$	HV0.2～HV5	小负荷维氏硬度试验
$0.098\,07 \leqslant F < 1.961$	HV0.01～HV0.2	显微维氏硬度试验

显微维氏硬度值的测定与其他类型的硬度值的测定方法相似,也是借助压痕尺寸来确定试件的硬度值。维氏硬度测量试验的原理如图 6 - 3 所示,测量时选用将顶部两相对面具有规定角度(136°)的正四棱锥体金刚石压头用一定的试验力压入试样表面,保持规定时间后,卸除试验力,测量试样表面对角线的长度,通过以下公式计算出维氏硬度值:

$$维氏硬度 = 常数 \times \frac{试验力}{压痕表面积} = 0.102\,\frac{2F\sin\dfrac{136°}{2}}{d^2} \approx 0.189\,1\,\frac{F}{d^2} \qquad (6-2)$$

式中:常数 $= \dfrac{1}{g_n} = \dfrac{1}{9.806\,65} \approx 0.102$;

d——测量试样表面压痕对角线长度 d_1 和 d_2 的算术平均值,mm;

F——压头施加的试验力值,N。

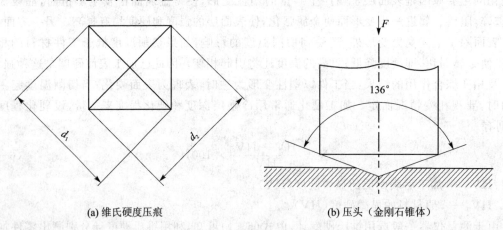

(a) 维氏硬度压痕　　　　　　　　　　　　(b) 压头(金刚石锥体)

图 6 - 3　维氏硬度测量原理

维氏硬度保留了布氏硬度和洛氏硬度的优点,既可测量由极软到极硬材料的硬度,又能相互比较。既可测量大块材料表面硬化层的硬度,又可以测量金相组织中不同相的硬度。在本实验中,测定维氏显微硬度的试件必须经过一些精细加工。首先从试件表面上取下被测表层,然后进行镶嵌,再经过研磨、抛光、腐蚀等步骤,最后才做显微硬度的测定。

（四）加工后的残余应力的测量原理

1. 残余应力的概念及其分类

残余应力是材料及其制品内部存在的一种内应力，是指产生应力的各种因素不存在时，由于不均匀的塑性变形和不均匀的相变的影响，在物体内部依然存在并自身保持平衡的应力。

残余应力可以分为三类：第一类残余应力是指在物体较大范围内，或许多晶粒范围内存在并保持平衡的内应力。当物体中第一类残余应力所建立的力平衡或力矩平衡受到破坏时，其宏观尺寸发生变化。第一类残余应力又叫做宏观残余应力。一般工程上所说的残余应力就是第一类残余应力。第二类残余应力是指在晶粒尺度内，即一个晶粒或数个晶粒范围内存在并平衡的内应力。第三类残余应力是在原子尺度内，即在若干个原子范围内存在并保持平衡的内应力。第二、三类残余应力合称为微观残余应力。

2. 切削加工残余应力产生的原因

切削加工后残余应力产生的机理，目前尚不能作定量的解释。但产生残余应力的原因可归纳为以下三条：

① 塑性变形引起的应力。金属经塑性变形后体积将胀大，由于受到里层未变形金属的牵制，故表层呈现残余压应力，里层呈现残余拉应力。

在已加工表面形成的过程中，位于刀具刃口前方工件材料的晶粒一部分随切屑流出，另一部分留在已加工表面上。晶粒在刃口分离处的水平方向受压，在垂直方向受拉。表层金属与后刀面挤压摩擦时产生拉伸塑性变形，与刀具脱离接触后在里层金属的弹性恢复作用下表面呈现残余压应力。

② 切削温度引起的热应力。切削时，由于强烈的摩擦和塑性变形，使已加工表面层温度很高，而里层温度很低，因而形成不均匀的温度分布。温度高的表层，体积膨胀将受到里层金属的阻碍，使得表层金属产生热应力；当热应力超过材料的屈服极限时，将使表层金属产生压缩塑性变形。切削后冷却至室温时，表层金属体积的收缩又受到里层金属的牵制，故而表层金属产生残余拉应力。

③ 相变引起的体积应力。切削时，若表层温度高于相变温度，则表层组织可能发生相变；由于各种金相组织的体积不同，从而产生残余应力。如高速切削碳钢时，刀具与工件表面接触区温度可达 $600\sim800\ ℃$，而碳钢的相变温度在 $720\ ℃$，此时表层组织就可能发生相变，由珠光体转变成奥氏体，冷却后又转变为马氏体。而马氏体的体积比奥氏体大，故而表层金属膨胀，但要受到里层金属的阻碍，才使得表层金属受压即产生压应力，里层金属受拉即产生拉应力。当加工淬火钢时，若表层金属产生退火烧伤，马氏体转变成屈氏体或索氏体，这两种金相组织也比马氏体小，因而表层金属体积减小，但受到里层金属的牵制，从而表层会呈现残余拉应力。

总的来说，已加工表面呈现的残余应力，是上述诸因素综合作用的结果，最终结果则由起主导作用的因素所决定。

3. 残余应力盲孔法测量原理

残余应力的测定方法可以分为机械测定法和物理测定法。机械测定法测定时须将局部分离或分割使应力释放,这就要对工件造成一定损伤甚至破坏,典型的有切槽法和钻孔法。物理测定法主要有射线法、磁性法和超声波法,均属于无损检测法。机械测定法中的钻孔法,尤其是小直径钻孔法对工件损伤较小,测定较为可靠,技术成熟。本实验主要介绍钻孔法测量残余应力。

钻孔法可分为钻通孔法和盲孔法。通孔法对材料的破坏性较大,实际测量中较少采用,而实验表明,当钻孔深度达到孔径的 1~1.2 倍后,钻孔深度再增加,对测点的测量基本不产生影响。

盲孔法中,若构件存在残余应力场,在应力场内任一点处钻一个深度为 d,直径为 $2a$ 的小孔,小孔处的残余应力被释放,原有的应力失去平衡,如图 6-4 所示。此时,小孔周围将产生一定量的释放应变,其大小与释放应力相对应,使原有应力场达到新的平衡,形成新的应力场和应变场。

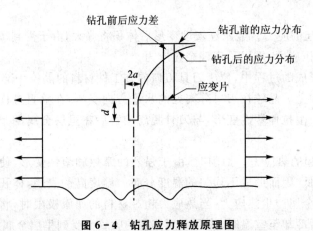

图 6-4 钻孔应力释放原理图

如图 6-5 所示在钻孔之前,在该孔边上贴上三向应变片,钻孔后,测得释放应变,即可用相应的公式计算出初始测试点的残余应力。

假设 σ_1、σ_2 看作是无限大平板上作用的相互垂直的主应力,则被测点(孔心)处的残余应力的主应力 σ_{12} 和主偏角 θ 为

$$\left.\begin{aligned}
\sigma_{12} &= \frac{1}{4A}(\varepsilon_1 + \varepsilon_3) \mp \frac{1}{4B}\sqrt{(\varepsilon_1 - \varepsilon_3)^2 + (2\varepsilon_2 - \varepsilon_1 - \varepsilon_3)^2} \\
\tan 2\theta &= \frac{2\varepsilon_2 - \varepsilon_1 - \varepsilon_3}{\varepsilon_3 - \varepsilon_1}
\end{aligned}\right\} \qquad (6-3)$$

式中:ε_1、ε_2、ε_3——应变片 R_1、R_2、R_3 测得的释放应变;

A、B——释放系数。

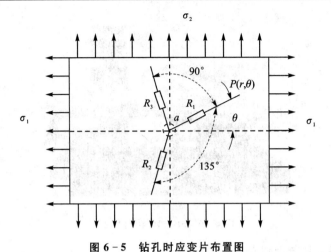

图 6－5　钻孔时应变片布置图

释放系数 A 和 B,与孔的几何形式及材料的力学性能有关。在测量过程中,释放系数 A、B 的值既可以按实验标定的方法来测定,又可以通过理论计算的方法获得。通过理论计算方法中的一点所得到的 A、B 的计算公式如下:

$$\left.\begin{array}{l} A = -\dfrac{(1+u)}{2E}\left(\dfrac{a}{r}\right)^2 \\[3mm] B = \dfrac{3(1+u)}{2E}\left(\dfrac{a}{r}\right)^4 - \dfrac{2}{E}\left(\dfrac{a}{r}\right)^2 \end{array}\right\} \tag{6-4}$$

式中:a ——孔的半径;

　　r ——孔的中心与应变片中心的距离;

　　u ——泊松比;

　　E ——弹性模量。

测量前,根据材料设置上述四个参数,可以计算出 A、B,再根据测得的三个应变值 ε_1、ε_2、ε_3 可以计算出总的残余应力的大小及方向。

三、实验设备

1. 已加工表面粗糙度测量试样及设备

JB－1C 粗糙度仪,如图 6－6 所示,其一些具体的技术参数主要包括:

① 测量范围为 Ra 为 $0.01 \sim 10\ \mu m$;

② 触针位移为 $\pm 40\ \mu m$;

③ 分辨率为 $0.005\ \mu m$;

④ 取样长度为 $0.25\ mm$,$0.8\ mm$,$2.5\ mm$。

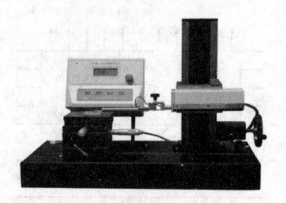

图 6 - 6　JB - 1C 粗糙度仪

2. 加工硬化测量试样及设备

HXS 显微硬度仪如图 6 - 7 所示,其具体的技术参数如下:

① 实验负荷:10 g,25 g,50 g,100 g,200 g,300 g,500 g,1 000 g;

② 试验力保持时间:1~99 s;

③ 显微镜物镜倍率:测量用(40X),观察用(10X);

④ 显微分辨率:0.03 mm;

⑤ 压头:顶部两相对面具有规定角度(136°)的正四棱锥体金刚石压头;

⑥ 倍率:10X。

图 6 - 7 为 HXS 显微硬度仪。测量时加载载荷为 10 g,加载时间为 15 s。采用断面法在垂直于磨削方向的截面上取点进行测量。考虑到显微硬度仪探头在测量时产生压痕,避免两测试点发生干涉,在断面 45°角方向进行采点测量,断面显微硬度测量示意图见图 6 - 8。

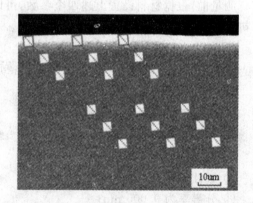

图 6 - 7　HXS 显微硬度仪　　　　　　图 6 - 8　显微硬度测量示意图

每个试样每隔 $10\ \mu m$ 测量一次,测量深度为 $150\ \mu m$。为减小试验误差,在同一深度测量三次,求平均值作为该点的显微硬度值。由各个深度显微硬度值,根据式(6-1)计算出硬化程度值来衡量该深度的硬化程度。

3. 残余应力测量实验设备

ASM2-3-X 旋钮式应力检测仪(如图 6-9 所示)、502 胶水、砂纸、划线针、棉纱、凡士林、镊子、聚四氟乙烯薄膜、电烙铁、锡块、丙酮溶剂、普通钻床及直径为 1.5 mm 的钻头。

图 6-9　ASM2-3-X 旋钮式应力检测仪

利用应力检测仪测量加工表面残余应力的步骤主要包括:

(1) 选择测点

根据构件的形状与特点选择测试部位及测点数目,并将测试部位表面打磨,使其表面达到一定的光洁度,本实验就取一个测试位置,并打磨至需要的光洁度。

(2) 划线定位

在测试部位用划线针划线标出钻孔中心。

(3) 粘贴应变片

先用洁净的棉纱蘸取丙酮溶剂擦洗测点表面,清除污垢,晾干后在测点表面滴一滴 502 胶水,并用应变片粘贴面将胶水在测点表面涂匀;然后用镊子拨动应变片,在放大镜下调整应变片的中心与孔的中心重合;最后在应变片上垫一层聚四氟乙烯薄膜,在薄膜上轻轻挤压出多余的胶水和气泡,尽量使胶层的厚度变薄,提高应变片的灵敏度。

(4) 引线焊接及仪器参数设置

待胶水固化后,将应变片引线焊到接线板上,并经导线与平衡箱和应变仪相连接。本实验中用电烙铁进行锡焊,接线后,在应变片表面涂上凡士林防护层,然后打开应力检测仪开关,设置不同参数。

(5) 钻　孔

将连接好应变片和引线的样品装夹到钻床上,调整钻床使得直径为 1.5 mm 的钻头与应变片中心对中,向下钻 2 mm。

（6）获得结果

在钻孔后经过一段时间，待力释放完全，可以旋转旋钮获得不同的实验结果，有三个方向的应变值，两个方向的应力值及主偏角的值，按下 Prt 键，可以打印不同的实验结果。

四、实验内容与步骤

采用车刀对工件进行车削端面实验，采用单因素法设计实验，研究切削用量对 Ra、加工硬化及残余应力的影响。在固定其他因素，只改变一个因素的条件下测算出 Ra、硬化程度 N 及残余应力 σ 的值，然后进行数据处理，画出相应的图线，单因素法主要步骤如下：

① 固定进给量 f 和切削深度 a_p，改变切削速度 v_c，测出并记录不同切削速度 v_c 对应的 Ra、硬化程度 N 和总的残余应力 σ，在直角坐标图上绘出 $v_c - Ra$、$v_c - N$、$v_c - \sigma$ 的曲线图，观察曲线图的变化趋势。

② 固定切削速度 v_c 和切削深度 a_p，改变进给量 f，测出并记录不同进给量 f 对应的 Ra、硬化程度 N 和总的残余应力 σ，在直角坐标图上绘出 $f - Ra$、$f - N$、$f - \sigma$ 的曲线图，观察曲线图的变化趋势。

③ 固定切削速度 v_c 和进给量 f，改变切削深度 a_p，测出并记录不同切削深度 a_p 对应的 Ra、硬化程度 N 和总的残余应力 σ，在直角坐标图上绘出 $a_p - Ra$、$a_p - N$、$a_p - \sigma$ 的曲线图，观察曲线图的变化趋势。

五、复习思考题

1. 加工表面完整性的概念及所包含的指标有哪些？
2. 简述表面粗糙度的概念、评价指标、测量方法。
3. 什么是加工硬化？加工硬化产生的原因有哪些？其评定指标有哪些？
4. 简述残余应力的概念、分类以及切削加工残余应力的产生原因。

实验七　研磨加工实验

一、实验目的

➢ 掌握游离磨料研磨加工的基本原理。

➢ 学会使用研磨机。

➢ 能利用正交试验法分析研磨压力、研磨盘转速、研磨时间及研磨液流量等因素对工件材料去除率和表面粗糙度的影响。

二、实验原理

研磨是精加工的过程,可获得高的尺寸精度、表面平坦度和表面光洁度,其主要作用是去除材料,修正工件形状。研磨加工对象比较广泛,有玻璃、陶瓷、塑料、金属以及合金、烧结材料等。研磨过程中需要考虑许多不同的变量和工作参数,因此研磨原理非常复杂。而对研磨过程有显著影响的变量和工作参数有:

① 磨料:粒度、种类、形状、粒度分布;

② 工作参数:速度、研磨压力、研磨时间;

③ 材料:工件材料、研磨盘材料;

④ 研磨液介质:水基、油基;

⑤ 研磨液:磨料浓度、研磨液流量。

典型的游离磨料研磨加工系统如图 7-1 所示。系统由研磨液供给装置、工件夹具和研磨盘三大部分构成。研磨液通过流量控制器以一定的流量供给到研磨盘面上,然后研磨盘以一定的速度转动开始研磨。由于研磨转速比较低,研磨过程中几乎没有热变形。研磨采用游离的磨料对工件进行加工,研磨时磨粒在介质的作用下分布在整个工件表面,首先滚动、滑动,然后随着加载力的不断增加对工件产生磨削行为,这是典型的三体摩擦行为;同时,当磨粒嵌入研磨盘表面时,产生二体摩擦行为。三体摩擦中磨粒在工件与研磨盘之间离散、自由地运动,而二体摩擦是磨粒与第二主体刚性结合,与第一主体之间相对运动,磨料的运动被限制,加载压力可以直接传递到磨粒上,因此二体摩擦引起磨粒切入工件的深度要比三体摩擦切入的深度要深。三体摩擦由于磨料运动的自由性及在研磨盘表面分布的不确定性,磨粒受载不均,且大颗粒磨料受载较大,这会对工件表面产生划痕,三体摩擦与二体摩擦研磨示意图如图 7-2 所示。

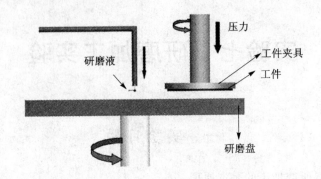

图 7-1　游离磨料研磨加工示意图

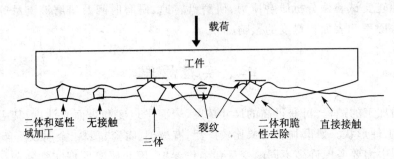

图 7-2　三体和二体摩擦

三、实验材料与设备

实验材料:K9 玻璃、微米级磨料和去离子水。

实验设备与仪器:研磨机、研磨盘、工件夹具、滴料器、三维表面轮廓仪及精密电子天平(精度:0.1 mg)。

(一) 实验设备

实验设备选用国产平面高速研磨机,如图 7-3 所示。电机经过传动部分变速后驱动机床主轴转动,研磨盘与机床主轴相联,与主轴一起转动。压头与气缸活塞联在一起,由活塞进行驱动,工件盘在压头的压力作用下压在研磨盘上,通过调节阀门大小来改变气缸压力从而改变工件与研磨盘间的压力。工件盘在研磨过程中由于受到来自研磨盘

图 7-3　平面高速研磨机

的摩擦力的作用,随着研磨盘一起转动。松开紧固螺钉,旋转摆臂,可以改变工件盘对研磨盘的偏心距 e,研磨盘的转速可以通过调整机床底下的变频器供给电机的电源频率进行调整。研磨液由滴料器供给。

(二)检测仪器

采用 NanoMap-500LS 三维表面轮廓仪测量研磨后工件表面的粗糙度和三维形貌,如图 7-4 所示。此三维表面轮廓仪结合传统接触式表面轮廓仪和扫描探针显微镜(SPM),利用 SPM 光杠位移检测技术和超平整参照面——大型样品台扫描技术,融合压电陶瓷(PZT)扫描技术,解决了丝杠公差引起的亚微米级的测量误差,在不损失精度的情况下,不仅可以达到 SPM 扫描的高精度,还可以在大范围内快速测量。该仪器主要用于金属材料、聚合物材料和光学材料等各种材料表面二维和三维粗糙度的测量,以及薄膜厚度、台阶高度和磨损等定量测量。在三维表面的粗糙度和轮廓测量方面,该仪器既可用于表面精密抛光的光学工件,也可用于普通机床加工工件的粗糙表面。被测工件的表面不需要特殊处理,而且在高速扫描状态下该仪器测量轮廓范围可以从 1 nm～10 mm。

采用德国 Sartorius 精密电子天平对基片研磨前后的质量进行检测,基片质量每片测量三次,取其平均值。然后利用去除质量与基片材料的密度、横截面积的关系,通过计算就可以求出去除的厚度,即去除量(单位 μm)。天平的精度为 0.1 mg,如图 7-5 所示。

图 7-4　NanoMap-500LS 三维表面轮廓仪

图 7-5　德国 Sartorius 精密电子天平

（三）磨料、研磨盘及研磨液的选择

1. 磨粒的选择

在机械研磨加工工艺中，磨料的种类、大小及研磨盘的使用对研磨效果有至关重要的影响。由于玻璃研磨时，主要是机械作用，所以磨料的硬度必须大于玻璃的硬度。常用的磨料性能列于表 7-1 中。光学玻璃和日用玻璃研磨加工余量大，所以一般用刚玉或天然金刚砂研磨。平板玻璃的研磨加工余量小，但面积大，用量多，一般采用价廉的石英砂。本实验材料为 K9 光学玻璃，选用 W10 的刚玉磨料。

表 7-1　玻璃磨料的性能

名　　称	组　成	颜　色	密度/(g·cm⁻³)	莫氏硬度	显微硬度
金刚石	C	无色	3.4～3.6	10	98 100
刚玉	Al₂O₃	褐、白	3.9～4.0	9	19 620～25 600
电熔刚玉	Al₂O₃	白、黑	3.0～4.0	9	19 620～25 600
碳化硅	SiC	绿、黑	3.1～3.39	9.3～9.75	28 400～32 800
碳化硼	B₄C	灰黑色	2.5	>9.5	47 200～48 100
石英砂	SiO₂	白	2.6	7	9 810～10 800

2. 研磨盘的选择

常用的研磨工具材料有：铸铁、软钢、青铜、红铜、铝、玻璃和沥青等。

（1）选择研磨盘材料要遵循的原则

选择研磨盘材料时一般要遵循下述的原则：

① 研磨工具的材料一定要比被研磨工件的材料软，以避免在研磨过程中，磨料的颗粒嵌在被研磨工件表面上。

② 研磨时所选用的磨料的种类不同，研磨工具材料的种类也应当不同。

③ 选用各种不同材料的研磨工具时，要考虑材料的耐磨性。一般来说，铸铁材料的耐磨性比较好，有利于保持其精确的几何形状。

（2）沟槽的作用

为了能使研磨液流动均匀，在研磨盘上要做出网状的沟槽，其中沟槽的作用如下：

① 沟槽便于储存多余的研磨料；

② 在研磨过程中，可以增加切削力，因为多余的磨料随时可以参加切削；

③ 可以防止研磨剂的堆积，避免工件塌边；

④ 可以及时排除研磨过程中产生的切屑，避免划伤工件；

⑤ 有助于散热。

（3）采用铸铁研磨盘的优点

根据以上的原则综合考虑，在实验中采用铸铁研磨盘。其优点如下：

① 有良好的嵌砂性能；

② 耐磨性比较好；

③ 具有良好的冷加工性和热加工性能；

④ 经济性好。

3. 研磨液的选择

一般情况下，不能用磨料单独进行研磨，必须加配研磨液及其他补助填料。研磨液起调和磨料和冷却润滑作用，加上补助填料之后则可以加速研磨过程中的化学作用。

对研磨液的基本要求如下：

① 研磨液要有一定的粘度，以保证磨料颗粒粘附在研磨工具表面上，且分布均匀；

② 研磨液应能起良好的冷却和润滑作用；

③ 研磨液应能起加速研磨过程，提高研磨效率的作用；

④ 研磨液的性能应不受温度的影响。

玻璃的主要成分是硅酸盐，硅酸盐不与 HCl、H_2SO_4 和 HNO_3 反应，但能与碱性物质发生缓慢的化学反应。另外，碱性物质对设备腐蚀较小，在腐蚀过程中局部腐蚀也相对均匀，所以，为了借助于超微粒子的机械研磨作用和研磨液的化学腐蚀作用实现工件材料的微量去除，获得光滑平坦的加工表面，本实验在研磨液中加入碱性物质，使其显碱性。为了保证研磨液具有一定的粘度且不浪费材料，在磨料和去离子水的比例上，选择 20 g 磨料加 200 mL 水，即其浓度为 0.1 g/mL。

四、实验内容与步骤

（一）实验样品粘片与卸片

研磨加工中主要的夹持方法有石蜡粘接、真空吸附、静电吸盘及紫外光固化等。本实验采用石蜡粘结，卸片则通过加热法卸下。粘片步骤：首先将工件盘放在电炉上加热到一定温度范围（80～100 ℃），将石蜡条压在工件盘的中心并向四周均匀涂满，然后将工件放置在工件盘的中间，先用手加压使工件四周粘接涂匀融化的石蜡，再用重物压住表面一段时间到融化的石蜡固化，从而将工件平整地粘接到工件盘上。粘片不良会对工件的平行度造成影响。研磨结束后，再用电炉加热的方法将石蜡融化，然后用镊子将工件取下，先降温后再放入超声清洗机中清洗，防止工件突然遇冷发生碎裂。

（二）K9 玻璃研磨试验的设计步骤

1. 正交试验方案设计与正交表的选用

（1）明确试验目的、选定试验因素

K9 玻璃研磨试验的主要目的是有效改善 K9 玻璃表面质量缺陷，降低表面粗糙度，为以后的精密加工打基础。因此，在本次试验中主要关注材料去除率和研磨后 K9 玻璃的表面粗糙度值。在试验中选定研磨压力、研磨盘转速、研磨时间和研磨液流量为试验因素。

（2）选水平，制定因素水平表

每个因素取 3 个水平，各因素的水平设计见表 7-2。

表 7-2　研磨工艺因素及水平

因素 \ 水平	A:研磨压力/MPa	B:研磨盘转速/(r·min⁻¹)	C:研磨时间/min	D:研磨液流量/(mL·min⁻¹)
1	0.05	80	5	5
2	0.075	120	10	10
3	0.1	160	15	15

（3）设计正交表头，安排试验计划

选用 $L_9(3^4)$ 作为试验的正交表（未考虑各因素交互作用）。K9 玻璃研磨正交试验计划表如表 7-3 所列。

表 7-3　研磨正交试验计划表

因素 \ 试验号	研磨压力 A/MPa	研磨盘转速 B/(r·min⁻¹)	研磨时间 C/min	研磨液流量 D/(mL·min⁻¹)	MRR/(μm·min⁻¹)	R_a/μm
1	0.05	80	5	5		
2	0.05	120	10	10		
3	0.05	160	15	15		
4	0.075	120	5	15		
5	0.075	160	10	5		
6	0.075	80	15	10		
7	0.1	160	5	10		
8	0.1	80	10	15		
9	0.1	120	15	5		

2. 按正交试验方案进行试验

按照计划表组合进行试验。计划表不能随意更改，严格控制试验条件，准确记录结果。试验顺序可以随机安排，也可挑选认为会出现较好结果的先做。

3. 正交试验数据的分析和处理

试验数据的综合分析与比较,有两种方法:①直观分析法;②方差分析法。本试验采用直观分析法。

4. 验证试验

由正交试验所确定的最佳因素水平组合进行一次(或重复)验证性试验。

五、复习思考题

1. 三体摩擦行为与二体摩擦行为有何区别?

2. 对研磨液的基本要求有哪些?

3. 选择研磨盘材料时一般要遵循哪些原则?

实验八 抛光加工实验

一、实验目的

➢ 理解化学机械抛光的基本原理。

➢ 学会使用抛光机。

➢ 能利用正交试验法分析抛光压力、抛光垫转速、工件转速及抛光液流量等因素对工件材料去除率和表面粗糙度的影响。

二、实验原理

为了获得超光滑无损伤的加工表面,目前,发展了许多先进的超精密加工技术,如化学机械抛光(Chemical Mechanical Polishing,CMP)、机械化学抛光(Mechanochemical Polishing,MCP)、浮动抛光(Float Polishing)、水合抛光(Hydration Polishing)、水面滑行抛光(Hydro-planing Polishing)、电泳抛光(Migration Polishing)、磁流体抛光(Magnetic Fluid Polishing,MFP)、弹性发射加工(Elastic Emission Machining,EEM)、固结磨料化学机械抛光(Fixed Abrasives CMP,FA - CMP)、无磨料化学机械抛光(Abrasive - free CMP,AF - CMP)、摩擦化学抛光(Tribochemical Polishing,TCP)等。有些技术,如 CMP 已在晶体加工和集成电路制造中广泛应用;AF - CMP 已在金属铜互连线的平坦化加工中得到应用;有些尚在进一步的研究中。在这些加工技术中,CMP 是目前使用最为广泛,影响最为深远的一种超精密加工技术。

CMP 并不是一种新的抛光技术。早在几百年前,该技术就被应用于玻璃的抛光加工,其抛光原理图如图 8 - 1 所示。

在抛光过程中,工件夹具利用真空、水膜吸附技术或石蜡将工件吸住或粘住,并垂直压在抛光垫上,抛光垫与工件夹具做同向或反向旋转。同时,抛光液通过输送管注到抛光垫上,然后经抛光垫的旋转被输送到工件下方。抛光液中的化学成分与工件表面接触发生化学反应,而抛光液中的磨料在抛光垫与工件夹具的相对旋转运动中对工件表面材料进行机械去除。在化学和机械力的共同作用下,完成工件材料的抛光加工。

对于玻璃(成分为 SiO_2)在抛光过程中的材料去除机理,Cook 理论认为:当抛光液中使用 SiO_2 磨料且抛光液的 pH 值为碱性时,玻璃表面的材料通过表面的水合作用将不溶于水的 SiO_2 转化为易溶于水的 $Si(OH)_4$。玻璃表面水合作用可以降低其表面硬度和机械强度,然后

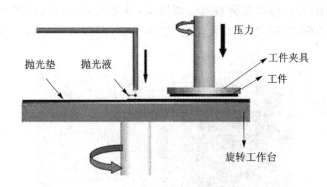

图 8-1　CMP 加工示意图

通过抛光液中的磨粒和抛光垫的摩擦将表面水合层去除。其水合反应方程为

$$SiO_2 + 2H_2O \rightarrow Si(OH)_4 \qquad (8-1)$$

如果抛光液中使用的磨料为 CeO_2，则 CeO_2 与玻璃表面的化学交互作用中，Si—O—Ce 键的形成为决定性机制：玻璃中的硅酸盐与 CeO_2 颗粒首先发生反应，在玻璃表面生成大量的 Si—O—Ce 键；其后 Si—O—Si 键的机械撕裂导致 SiO_2 或 $Si(OH)_4$ 单体的去除，它们随后从 CeO_2 颗粒上脱离。结晶度高的 CeO_2 颗粒具有强烈的形成 Si—O—Ce 键的倾向，这会增加化学反应的速率和去除率。此外，在抛光过程中，由于 Si—O—Ce 键导致 CeO_2 与玻璃表面有相互作用力，CeO_2 颗粒容易吸附于玻璃表面。

从 CeO_2 磨料的抛光机理可以看出，使用 CeO_2 磨料可以获得较高的材料去除率。但应当指出的是，与 SiO_2 磨料相比，使用 CeO_2 磨料对 SiO_2 电介质层进行抛光，在抛光过程中基片表面更容易产生缺陷。

CMP 技术在玻璃抛光领域的成功运用，引起了各国科学家和工程技术人员对该技术的关注，从而使 CMP 技术逐渐被拓展到其他晶体、非晶体和陶瓷等材料的超精密加工领域。

三、实验材料与设备

实验材料：K9 玻璃、纳米级磨料和去离子水。

实验设备与仪器：CETR CP-4 抛光机、抛光垫、工件夹具、蠕动泵、三维表面形貌仪及精密电子天平（精度：0.01 mg）。

（一）实验设备

实验设备选用 CETR CP-4 抛光机，如图 8-2 所示。CETR CP-4 抛光机主要用于半导体、光学玻璃和金属等多种材料的化学机械抛光研究，可对抛光载荷、研磨抛光平台转速和工件转速进行主动控制,通过蠕动泵调整抛光液流量,抛光过程可以对抛光垫进行在线修整,自动采集抛光过程中载荷、摩擦力、工作台位置、主轴位置、温度和声学信号等参数,具有较高的自动化程度。

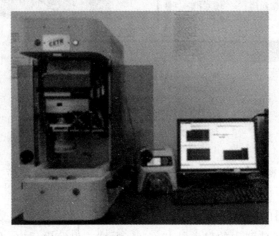

图 8 - 2 CETR CP - 4 抛光机

(二) 检测仪器

ADE 非接触表面形貌仪是美国 ADE 公司的产品,它是一种非接触式的测量表面轮廓的光学仪器。该仪器利用相移干涉技术及数字信号处理来产生快速、准确的三维轮廓测量,它利用压电陶瓷(PZT)进行扫描,用 CCD 面阵作接收器,通过接口电路用计算机进行处理,其原理如图 8-3 所示,实物图如图 8-4 所示。

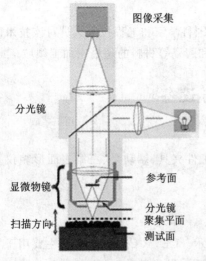

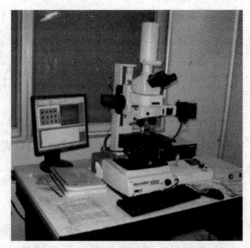

图 8 - 3 ADE 非接触表面形貌仪工作原理图   **图 8 - 4 ADE 非接触表面形貌仪实物图**

光源发出的光到达分光镜后,一束光线经物镜照射到被测表面上,经反射后到达图像采集器;而另一束光线经物镜后,被干涉仪的参考平面反射后到达图像采集器,这两束光线在 CCD 接收器上产生明暗相间的干涉条纹,并且将干涉条纹转化为数字信号,送给计算机进行处理,变为表征被测表面三维形态的图像和数据,存储起来以进行分析。采用 ADE 非接触表面形貌仪检测时,其取样面积大,可以取到几百微米,能较客观地反映工件加工后的表面粗糙度情况。另外,制样方便,不需破坏试样即能检测。

采用德国 Sartorius 精密电子天平对基片抛光前后的质量进行检测,基片每片称三次,质量取平均值。然后利用去除质量与基片材料的密度、横截面积的关系,通过计算就可求出去除的厚度,即去除量(单位 nm)。天平的精度为 0.01 mg。

(三) 磨料、抛光垫及抛光液的选择

1. 磨料的选择

对于 CMP 来说,抛光液对抛光材料的去除方式和去除速率起着至关重要的作用。抛光液主要由两部分组成:磨料和化学成分。其中,磨料的主要作用为去除基片表面材料以及将抛光过程中产生的基片碎屑带离基片表面。而抛光液中化学成分的作用为与基片表面材料反应,从而促进或抑制基片表面材料的去除。

目前,在化学机械抛光液中使用的磨料种类较多,其中包括:二氧化硅(SiO_2)、氧化铝(Al_2O_3)、二氧化铈(CeO_2)、二氧化锆(ZrO_2)、二氧化钛(TiO_2)及金刚石等。这些磨料的莫氏硬度见表 8-1。

表 8-1　磨料硬度表

磨料种类	硬度(Mohs)
金刚石	10
氧化铝(Al_2O_3)	9
二氧化硅(SiO_2)	6~7
二氧化铈(CeO_2)	6~7
二氧化锆(ZrO_2)	6.5
二氧化钛(TiO_2)	5.5~6.5

对于 K9 玻璃材料,其莫氏硬度为 7。若在抛光液中使用硬度较高的磨料,如金刚石或氧化铝,虽然可以提高抛光过程中的材料去除率,但这些高硬度磨料很容易对 K9 玻璃基片表面造成凹坑、划痕等缺陷,使抛光后基片的表面质量下降。对于二氧化硅(SiO_2)、二氧化铈(CeO_2)、二氧化锆(ZrO_2)和二氧化钛(TiO_2)等磨料,从其硬度角度分析,这些磨料的硬度均与 K9 玻璃材料的硬度相接近,但由于受到合成机理和生产工艺的影响,目前以二氧化铈(CeO_2)、二氧化锆(ZrO_2)或二氧化钛(TiO_2)为磨料配制成的抛光液抗干扰性均不理想,只能

在很小的 pH 值范围内稳定,且对大多数化学试剂敏感。相比较前三种磨料,二氧化硅(SiO_2)抛光液的合成和生产工艺相对成熟。目前,市场上的硅溶胶产品可以在很大的 pH 值范围内保持稳定,且对后续化学试剂的添加不敏感。所以本实验选取 SiO_2 为磨料配制抛光液。

2. 抛光垫的选择

抛光垫作为 CMP 系统的重要组成部分,在 CMP 过程中扮演着非常重要的角色,抛光垫组织特征(粗糙度、微孔形状和孔隙率)和力学性能等因素会对 CMP 过程产生重要影响。

抛光垫按材质和结构的不同,可分为以下四种:

(1)聚氨酯抛光垫

这种抛光垫的主要成分是发泡体固化的聚氨酯,其表面有许多空球体微孔封闭单元结构。这些微孔能起到收集加工去除物、传送抛光液以及保证化学腐蚀等作用,有利于提高抛光均匀性和抛光效率。孔尺寸越大其运输能力越强,但孔径过大时会影响抛光垫的密度和刚度。在此类抛光垫中,应用最广的是美国 Rodel 公司的 IC 1000 型抛光垫。但由于这种聚氨酯抛光垫具有发泡结构,抛光液不能渗透到抛光垫内部,而只存在工件与抛光垫的间隙中,影响抛光后的残渣或抛光副产物的及时排出,容易阻塞抛光垫表层中的微孔。

因此一般在抛光垫表面要做一些沟槽,以利于抛光残渣的排出。根据这种抛光垫耐磨性好、抛光效率高及形变小的特点,粗抛选用发泡固化的聚氨脂抛光垫。

(2)无纺布抛光垫

它的原材料为聚合物棉絮类纤维,在此类抛光垫中,应用最广的是美国 Rodel 公司的 SubaIV 抛光垫。此类抛光垫渗水性好,抛光液能渗透到抛光垫内部,容纳抛光液的效果好。因此,微观组织对抛光垫性能产生重要影响,采用不同的制作工艺,可获得具有不同微观组织结构的抛光垫。在细抛工艺中常用这种无纺布抛光垫。

(3)带绒毛结构的无纺布抛光垫

这种抛光垫以上述无纺布为基体,中间一层为聚合物,表面层为多孔的绒毛结构,在此类抛光垫中,应用最广的是美国 Rodel 公司的 Politex 抛光垫。当抛光垫受到压力时抛光液会进入到空洞中,而在压力释放时会恢复到原来的形状,将旧的抛光液和反应物排出,并补充新的抛光液,绒毛的长短和均匀性影响抛光效果。带绒毛结构的无纺布抛光垫硬度小、压缩比大、弹性好,因此用该抛光垫加工硅片时,可获得表面粗糙度小、片内均匀性好的硅片。在精抛工序中常采用这种具有多孔绒毛结构的无纺布抛光垫。

(4)两层复合体抛光垫

由 CMP 原理可知,软质抛光垫可获得加工变质层和表面粗糙度都很小的抛光表面,当抛光垫硬度过小时,在抛光压力作用下抛光垫与晶片表面的晶片凹区域和凸区域同时接触,凹凸表面的材料同时去除,难于实现高效的平坦化加工。而当抛光垫的硬度过高时,虽然可以获得很高的抛光效率,但由于抛光垫的变形小,加工过程中容易损伤晶片表面,同时非均匀性也差。为了兼顾平坦度和非均匀性要求,可采用"上硬下软"的上下两层复合结构的抛光垫。

IC1000/SUBAIV 抛光垫为这种复合结构的抛光垫,上层采用较硬的 IC1000 抛光垫,承受 CMP 过程中的机械、化学作用,从而可提高材料去除率且能获得较好的平面度;底层选用较软的 SUBAIV 抛光垫,能改善整个抛光垫的可压缩性,有利于抛光垫的表面与工件均匀接触,保证晶片表面材料去除均匀。中间有一层粘性的胶体,可以增加粘性特征,在抛光过程中起到缓解作用。这种抛光垫能够储存抛光液,而且不渗透到抛光垫的内部,抛光效果稳定。使用 IC1000/SUBAIV 的组合垫,兼顾了平坦度与均匀度的效果,成为目前氧化硅薄膜 CMP 工艺中应用最广的抛光垫。

由上述分析可知,由于 K9 玻璃的主要成分为 SiO_2,因此在精抛过程中,为兼顾抛光材料表面平坦度与均匀度的效果,本实验选用 IC1000/SUBAIV 抛光垫。

3. 抛光液的选择

在 CMP 技术中,抛光液是影响全面平坦化的关键因素之一。对抛光液的基本要求是:流动性好、不易沉淀和结块、分散稳定性能好、无毒、抛光速率快、晶片表面质量好及易于清洗。要达到较好的抛光效果,必须控制抛光液的 3 个质量指标:磨粒粒度、磨粒硬度和抛光液分散度。本实验选用纳米 SiO_2 抛光液,磨料平均粒径为 20 nm,pH 值为 10.5~11,浓度为 10%。

四、实验内容与步骤

(一) 实验样品的制备

抛光前,先用去离子水对 K9 玻璃片及工件夹具进行冲洗,然后再用超声清洗设备对其进行清洗,以彻底除去附着在 K9 玻璃片及工件夹具上的前道工序磨料。清洗完毕后,采用石蜡粘接法将 K9 玻璃片粘接在工件夹具上,之后进行 CMP 加工。

(二) K9 玻璃 CMP 试验的设计步骤

1. 正交试验方案设计与正交表的选用

(1) 明确试验目的、选定试验因素

K9 玻璃 CMP 试验的主要目的是获得平坦度与均匀度好、表面粗糙度小、低损伤的光滑表面。因此本次试验中在关注材料去除率的同时,重点关注抛光后 K9 玻璃的表面粗糙度值。在试验中选定抛光压力、抛光垫转速、工件转速和抛光液流量为试验因素。

(2) 选水平、制定因素水平表

每个因素取 3 个水平,各因素的水平设计见表 8-2。

表 8-2　抛光工艺因素及水平

因素＼水平	A:抛光压力/kPa	B:抛光垫转速/(r·min⁻¹)	C:工件转速/(r·min⁻¹)	D:抛光液流量/(mL·min⁻¹)
1	15	80	60	10
2	20	120	80	20
3	25	160	100	30

（3）设计正交表头，安排试验计划

选用 $L_9(3^4)$ 作为试验的正交表（未考虑各因素交互作用）。K9 玻璃抛光正交试验计划表如表 8-3 所列。

表 8-3　抛光正交试验计划表

因素＼试验号	A:抛光压力/kPa	B:抛光垫转速/(r·min⁻¹)	C:工件转速/(r·min⁻¹)	D:抛光液流量/(mL·min⁻¹)	MRR/(nm·min⁻¹)	Ra/nm
1	15	80	60	10		
2	15	120	80	20		
3	15	160	100	30		
4	20	80	80	30		
5	20	120	100	10		
6	20	160	60	20		
7	25	80	100	20		
8	25	120	60	30		
9	25	160	80	10		

2. 按正交试验方案进行试验

按照计划表组合进行试验。计划表不能随意更改，严格控制试验条件，准确记录结果。试验顺序可以随机安排，也可挑选认为会出现较好结果的先做。

3. 正交试验数据的分析与处理

试验数据的综合分析与比较，有两种方法：直观分析法和方差分析法。本试验采用方差分析法。

4. 验证试验

由正交试验所确定的最佳因素水平组合进行一次（或重复）验证性试验。

五、复习思考题

1. 试述化学机械抛光玻璃的基本原理。

2. 常用的抛光垫有哪几种类型？如何选用？

实验九　电火花成形加工电极损耗特性

一、实验目的

了解电火花加工过程中电极损耗的相关原理，以及主要工艺参数对电极损耗的影响，降低工具电极损耗的方法。

二、实验原理

（一）电火花加工原理

电火花加工是工件和工具（正、负电极）之间发生脉冲性电火花放电腐蚀而去除多余金属材料的加工过程。电火花加工技术作为一种加工手段，需要满足工具电极与工件被加工表面之间需要始终保持一定的放电间隙、火花放电为瞬时的脉冲性放电、两极之间充满具有绝缘性能的工作介质等基本条件。

电火花成形加工通过图 9-1 所示的加工系统来实现。工件 1 与工具电极 4 皆浸入工作液里，分别与脉冲电源 2 的正负两极输出端相连接；工件与工具电极之间的放电间隙由自动进给调节装置 3 保证。当脉冲电压施加于两极之间时，会在某一最小间隙处或绝缘强度最低处击穿极间介质，在该处局部范围产生火花放电，瞬时高温使工具电极和工件被加工表面都蚀除一小部分金属，各自形成一个小凹坑。第一个脉冲放电结束后，经过一段间歇时间（即脉冲间隔时间），使极间工作液恢复绝缘状态后，第二个脉冲电压又加到两极上，又会发生与前一脉冲周期相似的放电腐蚀，又点蚀出一个小凹坑，同样经过短暂的间歇，极间工作液再次恢复绝缘状态。随着很高的脉冲电压频率，脉冲放电接连不断地反复发生，工具电极同时不断向工件进给，维持适当的放电间隙，就能将工具电极的形状复制到工件上，加工出和工具电极形状对应的工件。

（二）电火花加工基本过程

就原理而言，放电的微观过程是一个电场力、热力、磁力、流体动力和电化学反应等综合作用的过程。归纳起来，电火花加工可以分为以下几个过程。

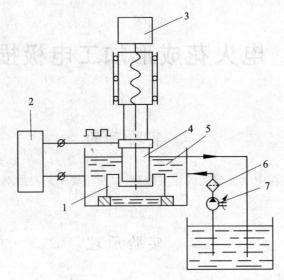

1—工件；2—脉冲电源；3—自动进给调试装置；
4—工具电极；5—工作液；6—过滤器；7—工作液泵

图 9 - 1　电火花加工原理示意图

1. 极间介质击穿并形成放电通道

在形成放电通道的过程中，脉冲电压加载到工具电极和被加工工件之间（见图 9 - 2），在两极间隙中形成电场。

根据电磁学基本理论，电场强度与极间距离成反比，与电压成正比。工具电极和工件表面的微观凹凸不平导致极间电场强度分布也不均匀。电场强度最大的地方一般在两极间最近的凸点或者尖端处。当电场强度增加到一定值时就会发生介质击穿，从而形成放电通道。在形成放电通道的瞬间，极间电阻从绝缘状态迅速降到几十分之一欧姆，而极间电流迅速上升到很大值。由于放电通道直径极小，可知此时放电通道内电流密度很大。放电间隙两端的瞬时电压迅速下降到维持电压，电流则由 OA 上升至相应的峰值电流。由前述放电原理分析可知，放电通道实际是由大量带正电的正离子和带负电的电子以及中性粒子组成的，放电通道中的高温正是由于这些带电粒子的高速运动相互碰撞而产生。

2. 电极材料熔化、气化并发生热膨胀

由于极间介质被击穿并形成放电通道，带负电的电子微粒高速向正极移动，构成电能向动能转化的过程。移动中，带电微粒发生大量剧烈碰撞，同时形成了动能向热能转化的过程。在这两种能量转化作用下，放电通道两端亦即电极与工件两极表面形成高温瞬时热源。高温立即使瞬时热源附近的工作液汽化，并使两极金属材料熔化甚至气化。汽化后的工作液和金属蒸气瞬时产生体积膨胀，形成类似爆炸的特性。在实际的电火花加工过程中，也可以观察到放电间隙中有很多小气泡排出，随着加工深入进行，工作液逐渐变黑，并且伴随轻微爆炸声，这是

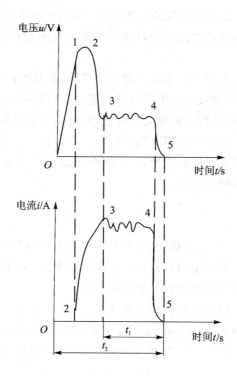

图 9 - 2　极间放电电压和电流波形

金属瞬间被高温蒸发后气体体积膨胀过快造成的。

3. 电极材料的抛出

随着放电通道中瞬时高温引起电极和工件材料的熔化和气化,再加上工作液的汽化,必然会在放电通道两端的金属材料表面形成高压力作用区。放电通道中心的高压力使气化了的气体体积不断膨胀,夹杂着熔融金属和蒸气一起被挤压,继而被连续冲刷的工作液带走。实际加工中,熔化和气化的金属会在通道高压力作用下向四周飞溅,其中大部分被抛入工作液,被冷却成微小的固体颗粒。有一小部分被吸附在电极上,间接地自动补偿了工具电极在加工中的损耗。

当然,金属材料熔融抛出的实际过程要比上述复杂很多,放电过程中同时伴随着工作液的不断汽化、电极材料的不断熔化和气泡不断形成、扩大再破裂的重复过程。放电结束后,放电通道内的压力急剧下降,形成瞬间局部真空,高温下混在金属中的气体析出,这一瞬间过程又会使材料在低压下再次沸腾而被抛出被加工材料表面。

4. 极间介质的消电离

一个脉冲周期结束时,脉冲电流降至零。为了下次放电的正常进行,不能马上又加载脉冲电压,必须有一个间歇时间,以使放电通道内消电离,亦即给一点时间让上一工作时段在放电通道中形成的正负粒子重新合成中性粒子,同时,也使放电间隙内介质的绝缘强度得到恢复,以防止同一部位连续放电。

如果上一加工过程中的电蚀产物不能及时完全排除,让其扩散后,会改变间隙内物质成分和介质绝缘性。另外,如果脉冲放电产生的热量未能及时传导出去,将会使带电粒子的自由能得不到足够释放,重新合成中性粒子的可能性降低,致使消电离过程不充分。

综上所述,为了满足电火花加工过程的连续进行,必须在两次脉冲放电过程中留出足够的脉冲间隔时间 t_0。而脉冲间隔时间的选择,要在综合考虑介质本身消电离时间和电蚀产物抛离放电区域的难易程度的基础上确定。

(三) 电极损耗

以几何尺度、棱边棱角及整体形状衡量,工具电极在加工过程中被蚀除的部分称为工具电极损耗。工具电极损耗对工件成形精度和加工速度有很大影响。因此,在实际加工过程中,掌握工具电极的损耗规律并努力降低损耗是非常重要的。

一般,电极损耗可分为:绝对损耗和相对损耗。

绝对损耗又可细分为体积损耗 U_E(mm³/min)、质量损耗 U_{EW}(g/min)及长度损耗 U_{EH}(mm/min)三种常用表示方法,各自表征单位时间内工具电极损耗的体积、质量和长度。

$$U_E = u/t \qquad (9-1)$$
$$U_{EW} = w/t \qquad (9-2)$$
$$U_{EH} = h/t \qquad (9-3)$$

式中:u——工具电极在时间 t 内损耗的体积;

w——工具电极在时间 t 内损耗的质量;

h——工具电极在时间 t 内损耗的长度。

相对损耗 Q(%),通常指相对体积损耗,即电极损耗速度与工件加工速度之比,即

$$Q = v_E/v_W \times 100\% \qquad (9-4)$$

式中:v_W、v_E——加工速度和损耗速度,mm³/min;

Q——体积损耗,如以 g/min 为单位,则 Q 为质量相对损耗。

(四) 电火花加工中电极损耗的控制

在总结了大量的实际加工经验后,形成了一些用于控制电极损耗的方法。

一般情况下,用纯铜作工具电极,精加工钢工件,选用窄脉宽,应选择正极性加工;反过来,在粗加工选用长脉宽的情况下,则选择负极性加工。

图9-3所示为加工过程中脉冲宽度和加工极性的关系曲线(工具电极为厚6 mm的纯铜,工件为45钢,工作液为煤油,波形为矩形波,加工电流峰值为10 A)。

由关系曲线可得出结论:采用负极性加工时,纯铜电极的相对损耗随脉宽的增加而降低,当脉宽大于 120 μs 后,电极相对损耗将低于 1%,基本能实现低损耗加工;如果采用正极性加工,则不论采用哪一档脉冲宽度,相对损耗都难低于 10%;但在脉宽小于 15 μs 的窄脉宽范围内,正极性加工的工具电极相对损耗比负极性加工要小。

　　需要注意的是:在用煤油之类的碳氢化合物基工作液时,放电过程中部分工作液将发生热分解而产生游离碳微粒,游离碳微粒能与金属结合形成金属碳化物微粒,即胶团。电中性的胶团在电场作用下可能与胶团外层脱离,成为带电荷的碳胶粒。电火花加工中的碳胶粒一般带负电荷,在电场作用下会逐步向正极移动,并吸附在正极表面。如果电极表面瞬时温度在 400 ℃ 左右,且能保持一定时间,则能形成一定强度和厚度的化学吸附碳层,通常称为碳黑膜。由于碳黑膜的熔点和气化点都很高,可对电极起到保护和补偿作用,从而从一方面实现低损耗电火花加工。

　　由于碳黑膜只能在正极表面形成,因此欲利用碳黑膜实现电极低损耗,必须采用负极性加工。一般情况下,可以通过增加脉冲宽度来保持合适的温度场和吸附碳黑的时间。实验表明,当峰值电流和脉冲间隔一定时,碳黑膜厚度随脉宽增加而增厚;当脉冲宽度和峰值电流一定时,碳黑膜厚度随脉冲间隔的增大而变薄。这是由于脉冲间隔加大,正极吸附碳黑的时间缩短,引起放电间隙中介质抵消电离的作用增强,胶粒扩散,放电通道随之分散,电极表面温度因此降低,这些因素都会使吸附效应降低。随着脉冲间隔的减少,吸附效应增强,电极损耗也能进一步降低。

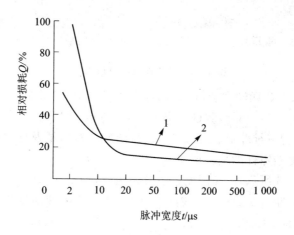

图 9 - 3　电极相对损耗与极性、脉冲宽度的关系

三、实验主要条件

电火花成形机床;精密电子天平;恒温箱。

试验使用数控电火花成形机床(如图 9-4 所示)由瑞士 Agie-Charmilles 公司生产,最大加工电流 64 A,机床功率 5 kW,不仅配有标准加工电源,还配有大面积小深度抛光加工、深腔窄槽加工和微细加工的专用电源及配套工艺数据库。用户可以运用机床的专家系统直接选择合适的电规准就能够进行高精度加工,并达到高表面质量要求。加工工件的最佳表面粗糙度 Ra 可达 $0.1~\mu m$,实现镜面加工。

图 9-4 数控电火花成形机床

机床能实现 X、Y、Z、C 四轴联动,且 C 轴可在加工中旋转(最高转速 100 r/min),具有自动调整、定位、复位、自动找正功能,测量分辨率达 $0.5~\mu m$。可进行锥面、球面、螺旋及任意角度的向量加工,还可进行三维球形、三维矩形、任意角度的对角线及任意角度的棱锥形平动加工,适合精密、微细及复杂零件的最终精加工。

电子天平(如图 9-5 所示)由美国奥豪斯公司生产,型号为 CP214,量程为 210 g,最小计量值为 0.000 1 g,重复性为 0.000 1 g,线性误差为 0.000 2 g,外部校准,秤盘尺寸为 $\phi90$ 的圆盘,秤盘上方垂直空间为 210 mm,外形尺寸(宽×高×长)为 196 mm×310 mm×320 mm。

天平应用功能包括:

多种称量单位——mg、g、kg、oz、lb、car 等及可自定义单位;

环境滤波优化设置——根据用户工作现场环境特点,可对天平进行高、中、低滤波优化设

图 9-5　电子天平

置,从而使称量结果更快速、更稳定;

　　自动清零设置——环境变化可能引起显示漂移,自动清零设置可以保证即使环境有微小变化,天平仍然保持从 0 g 开始称量;

　　经典应用模式——计件称量和百分比称量;

　　内置下挂式秤钩——满足用户进行下挂式密度测定和其他特殊称量要求,如大体积样品称量等;

　　标配 RS232 通信接口——方便联接打印机、电脑和其他外围设备;

　　选配第二显示器——可同步显示天平上的称量值,方便数据读取。

　　恒温干燥箱:

　　型号为鼓风智能液晶型电热恒温干燥箱,广泛用于工农业生产、科学研究和医疗卫生等单位化验室对试品的烘干、热处理和加温。

技术参数

型　　号	AG-9203A;	电源电压	220 V、50 Hz;
输入功率	2 450 W;	控温范围	RT+10~250 ℃;
温度分辨率	0.1 ℃;	恒温波动度	±1 ℃;
内胆尺寸	$W×D×H$ 为 600 mm×550 mm×600 mm;	隔　　板	2 块;
定时范围	1~9 999 min。		

图 9 - 6   AG - 9203A 台式精密电热恒温鼓风干燥箱

四、实验内容与步骤

电极材料:紫铜,铜钨合金,石墨。

电极尺寸:20 mm×20 mm×50 mm。

工件材料:45 钢,20 钢。

工件尺寸:30 mm×30 mm×30 mm。

实验准备:每次实验开始前,使用精密电子天平对电极及工件称重,记录称重值。其中,在对石墨电极称重前,将其放入恒温箱内 200 ℃ 保存 3 h。

使用快换夹头夹持电极,安装于机床主轴上。电极轴线相对于工件加工表面的垂直度十分重要,若稍有倾斜,将造成电极表面放电不均匀,局部损耗过大,影响实验结果。所以,夹紧电极后需对垂直度微调,保证长方形电极的底面及侧面相对工作台面的平行度和垂直度误差均小于 0.01 mm。

将工件夹持于机床工作台的虎钳上,微调工件,使其加工面对工作台面平行度误差小于 0.01 mm。

试验过程:在机床人机交互控制界面输入适当参数,并执行运行指令。每次加工时间为 10 min。

试验结果处理:取下电极与工件,擦除表面遗留的加工屑与工作液,分别称重并记录结果。石墨电极在擦除表面遗留的加工屑与火花油后,放入恒温箱内保存 3 h,再称重,记录结果。

验证峰值电流与电极损耗和加工速度的关系。使用紫铜电极,先选取固定的脉冲宽度 100 μs 和脉冲间隔 60 μs,再依次改变峰值电流值进行实验,记录结果。实验完成后,将测量结果换算至损耗率。

验证脉冲间隔与电极损耗与加工速度的关系。使用紫铜电极,固定脉宽 100 μs,峰值电流 21 A,依次改变脉冲间隔值进行实验。

验证脉冲宽度与电极损耗和加工速度的关系。使用紫铜电极,固定脉间 20 μs,峰值电流 21 A,依次改变脉冲宽度值进行实验。

验证极性与电极损耗和加工速度的关系。使用不同的电极材料,依次改变极性进行实验,固定脉宽 80 μs,脉间 60 μs,峰值电流 21 A,工件材料为 45 钢。

验证冲液压力与电极损耗和加工速度的关系。使用紫铜电极材料,依次改变冲液压力进行实验,冲液形式为侧冲式,固定脉宽 80 μs,脉间 60 μs,峰值电流 21 A,工件材料为 45 钢。

五、复习思考题

1. 列举电火花加工的必备条件。
2. 为什么在测量石墨电极的电极损耗前后,需要将其放入恒温箱内保存一段时间?
3. 除了实验分析的电极损耗影响因素外,请思考至少另外一种影响因素。

实验十　激光穿孔

一、实验目的

➤ 了解使用固体激光器的激光穿孔原理。
➤ 掌握影响激光穿孔工艺指标的主要参数。
➤ 掌握激光穿孔的工艺指标检验方法。

二、实验原理

1960 年第一台红宝石激光器问世,1962 年率先用于刀片穿孔。激光穿孔具有穿孔速度快、成本低、效率高、变形小及适用性广等特点,特别适合加工微细深孔,可加工的最小孔径只有几微米,孔的深径比可大于 50。深径比达 50 的孔,加工成本可降低 7 倍,深径比不大的孔,加工成本也可减小一半。激光穿孔效率是电火花加工的 12～15 倍,是机械钻孔的 200 倍。激光穿孔既适用于各种金属材料,也适用于难加工的硬质非金属材料,如金刚石、宝石、陶瓷和玻璃等;既能加工圆孔,又能加工多种异形孔。

(一) 激光穿孔原理

激光束是一种在时间和空间高度集中的光子流束,其发散角极小、聚焦性能良好,采用光学聚焦系统,可将激光束会聚到微米量级的范围内,其功率密度高达 $10^8 \sim 10^{15}$ W/cm^2,这种微细高能激光束照射工件时,由于高强热源对材料加热,使得照射区的温度瞬时上升到 10 000 ℃以上,从而引起被照射区材料瞬时熔化并大量气化蒸发,气压急剧上升,高速气流向外猛烈喷射,照射点立即形成一个小阻坑。随着激光能量不断输入,阻坑内的气化程度加剧,蒸气量急剧增多,气压骤然上升,对阻坑四周产生强烈的冲击作用,致使高压蒸气带着溶液从凹坑底部向外高速喷射,火花飞溅,如同产生一种局部微型爆炸,工件上迅速形成一个具有一定锥度的小孔。由于蒸气总是先从熔融的阻坑内部向外喷射,起始阶段必然会形成较大的立体角,所以激光穿的孔,总是具有一定的锥度,激光束入口端呈喇叭形。激光穿孔是在极短时间内完成的,孔的形成是材料在高功率密度激光束照射下产生一系列热物理现象相互作用的结果。

在高能激光照射下,材料蒸发和熔化是激光穿孔成型的两个基本过程。其中,孔在深度的延伸主要取决于蒸发;孔径的扩展则主要取决于孔壁的熔化,以及剩余蒸气压力将熔融材料喷射排除。当功率密度很高时,蒸发极为强烈,耗用极大部分能量,由于热传导引起的能量损失几乎可以忽略不计,便构成一种"准稳定蒸发过程"。在这个过程中,激光脉冲能量 E 几乎全部用于材料的破坏和蒸发去除,若需穿一个直径为 d,深度为 h 的孔,根据能量守恒原理,所需激光脉冲能量 E 应为

$$E = \frac{1}{4}d^2 h L_p \qquad (10-1)$$

式中: L_p——材料的单位体积破坏,J/cm^3。

孔径 d 和孔深 h 可用以下公式估算:

$$d = 2\left[\frac{3E}{\pi(L_B + 2L_m)}\right]^{\frac{1}{3}} \qquad (10-2)$$

$$h = \left[\frac{3E}{\pi \tan^2 \phi (L_B + 2L_m)}\right]^{\frac{1}{3}} \qquad (10-3)$$

式中: E——激光脉冲能量,J;

$\quad L_B$——材料气化热比能,J/cm^3;

$\quad L_m$——材料熔化热比能,J/cm^3;

$\quad \phi$——光束进入材料表面时的发散半角,rad。当材料处于透镜焦平面时,$\phi = 0$,如图 10-1 所示。

由于以上二式是在相当大程度上简化后得出的,与实际穿孔过程仍有些差别,故只能用于大致估算,实际穿孔中还需对上述参数适当调整,使之符合工程要求。

(二) 影响激光穿孔工艺指标的参数

激光穿孔过程是激光和物质相互作用极其复杂的热物理过程,影响激光穿孔工艺指标的因素很多。为了获得高质量孔,应根据激光穿孔的一般原理和特点,对影响穿孔工艺指标的参数进行分析。这些参数包括:激光脉冲能量、脉冲宽度、离焦量、脉冲激光重复频率、被加工材料的性质。

1. 脉冲能量

作用在材料上的激光束能量密度始终是激光穿孔至关重要的参数。加工过程中,焦平面上激光聚焦光斑的大小由激光器和光学系统参数决定。如在长焦距物镜前安装一个望远光学系统,可以保证在相当长的工作距离内将光束聚焦成一个直径仅为数微米的光斑,光斑直径 d 由下式求得:

$$d = \frac{\alpha \cdot f}{L} \qquad (10-4)$$

式中: L——望远系统的倍率;

$\quad \alpha$——激光发散角;

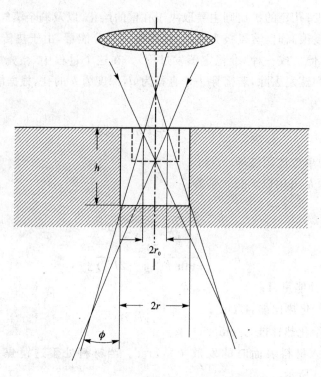

图 10 - 1　激光穿孔光路几何关系简图

f——物镜焦距。

在光学系统确定的条件下,激光焦点处能量密度的变化取决于激光器输出功率的变化。加工孔的深度和直径的大小,主要通过改变激光器输出功率加以控制。根据激光加工原理可知,被加工材料的去除是由蒸发和熔化两种基本形式完成的,孔深的增加主要靠蒸发形式实现,孔径的增加则是依靠孔壁材料熔化和利用剩余蒸发压力对熔融状物质的排除。

激光脉冲能量 E 直接影响穿孔尺寸,孔的直径 d 和深度 h 约与激光脉冲能量 E 的 1/3 次幂成正比,即

$$d \propto E^{\frac{1}{3}} \qquad h \propto E^{\frac{1}{3}} \qquad\qquad (10-5)$$

激光穿孔时,改变激光束能量可采用如下方法:

① 改变激光器的泵浦能量,通常调节电源储能电容器的充电电压值来改变泵浦能量。

② 改变激光束通过的光阑直径大小,限制高阶横模参与穿孔,有利于孔圆度的改善。

③ 在光路中加衰减片,对各阶横模的衰减效果相同,但仅起到改变能量强弱的作用,对光斑轮廓无影响。

激光脉冲能量增加,其他激光参数不变时,例如输出脉冲波形宽度不变,而脉冲前沿幅值增大,脉宽不变就使激光束照射在被加工材料上的时间不变,而功率密度增大;孔直径 d 和深

度 h 都随之增加。孔深 h 随脉冲能量增大而增加的原因主要是,由于更高的功率密度,使穿孔过程中产生更多的气相物质,从而产生更强烈的冲击波,致使高压蒸气带着熔融状物质从孔的底部向外高速喷射。

同样,激光脉冲能量增加,功率密度增大,对被加工材料产生的蒸气压力越大,高压蒸气带走的液相物质也越多,孔径 d 随之越大。但孔径 d 随之增大的速度,比孔深 h 随之增大的速度要缓慢,所以这种增大是有限度的。

2. 脉冲宽度

脉冲宽度表现的是脉冲能量中时间部分的特性。当脉冲能量一定时,脉冲宽度越窄,表示以时间为分母的时间能量密度越大,反之则时间能量密度越小。因此,脉冲宽度的变化对孔深、孔径、孔型的影响较大。固定激光器输出一定功率,但改变脉冲宽度,相当于通过改变激光照射时间来调节激光焦点处的能量密度。激光束照射时间越短,作用在工件上的能量密度越大;反之,激光束照射时间越长,能量密度就越小。所以,脉冲宽度变化对穿孔的影响与上述增加激光束能量对孔深 h 和孔径 d 的影响是一致的。

从原理上讲,能量密度越大,激光穿孔中产生的气相物质比例越大,被加工材料蒸气压力越高。由于孔深的增加主要靠蒸发,而蒸气压力的增大可以携带出更多孔内液相熔融物质,也使得孔径得以增大。因此,激光器输出一定功率,脉冲宽度越窄,孔的深度越深,且孔的直径越大。

3. 脉冲波形

脉宽选定后,激光脉冲波形是影响穿孔工艺指标的重要因素,激光波形既影响孔的纵切面形状,也影响着孔壁的表面质量。

三种不同激光波形与孔的轴向形状说明如下:

① 波形前后沿平缓,整个波形呈馒头状,用这样的波形穿孔,孔进口处喇叭口大,中部有较大的锥度,收尾时最尖,孔形最差;

② 波形前后沿较陡,波形呈平顶状,用这样的波形穿孔,孔进口处喇叭口减小,孔中段锥度减小,收尾尖锥变钝,孔形相对较好;

③ 经过复杂波形调制获得的一种激光脉冲波形,前后沿陡,中段呈上升波形,通过放电电路的搭配,使储能电容的释放能量随时间逐渐增加。用这样的波形穿孔,孔进口处喇叭口最小,孔中段呈圆柱形,如果激光光强增长与孔深增加相匹配,收尾接近钻孔的孔底,呈圆窝形。这是因为,激光光强的逐渐增强,可以弥补孔深增加伴随的入射能量衰减,使锥度较小;激光尾沿陡,功率高,有利于液相物质排出,再铸层最小,因而孔的形状最好。

4. 聚焦条件

激光辐射的聚焦条件对孔的形状和尺寸有很重要的影响。激光穿孔中,材料上表面与聚焦透镜焦点之间的距离称为离焦量。

焦点在材料上表面之上形成的离焦量为正,$\Delta f > 0$;焦点在材料上表面之下所形成的离焦量为负，$\Delta f < 0$。离焦量为负时，激光光线以会聚方式照射材料；离焦量为正时，激光光线经聚焦后以散射方式照射材料；离焦量为零时，$\Delta f = 0$，激光光线焦点刚好在材料上表面，如图 10 - 2 所示。

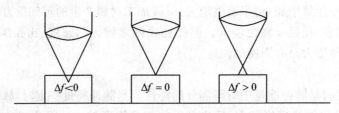

图 10 - 2　正负离焦量示意图

离焦量 $\Delta f \leqslant 0$ 时，由于激光以会聚方式照射材料，孔深是一定的，所以孔壁不能直接接受光通量，而是靠热传导使其相变，因此，照射区液相多气相少，气化时的气压不大，喷射力小，有较大可能使熔融物残留堆积使孔壁畸形，严重时会完全堵住已穿的孔。采用负离焦量穿孔，孔的轴剖面呈桶形或锥形。

离焦量 $\Delta f > 0$。在一定数值范围内时，由于激光直接照射在孔壁上，孔壁直接接受光通量，有时会几经反射方能射出孔外，因此材料的相变几乎是在激光直接照射下发生的，只要有足够的光照功率密度，照射区材料的气相多于液相。孔壁平直，熔融物不易残留堆积，孔形精度最好。

离焦量 $\Delta f > 0$ 且较大时，材料上表面偏离焦平面较远，材料表面平均光照功率密度太小，只有少量材料气化，或仅能使之液化，所以往往只能形成一个坑，不能实现穿孔。

离焦量大小的选取与被加工零件的厚度、孔径大小等因素有关。一般的选取规律是穿深孔比穿浅孔选较小的离焦量，穿小孔比穿浅孔选较小的离焦量；只有在少数情况下，才将工件表面置于焦平面上穿孔，即离焦量 $\Delta f = 0$。

5. 模式和发散角

由式(10 - 4)可知，为了获得尽可能小的光斑，应尽量减小激光光束发散角。要改善激光光束发散角，就必须利用选模技术对激光谐振腔的振荡模式进行选择，滤去杂波形成基模（TEM_{00}）输出。选模的方法较多，小孔光阑法减小激光光束发散角既简单又行之有效，小孔光阑半径 r 选取为放置小孔光阑处的激光束有效截面半径 $w(z)$，既可使基模光束顺利通过，又将高阶横模光束抑制。在实际应用中，r_0 要比 $w(z)$ 略大一些，因为光阑小会影响输出功率。

虽然激光输出功率可能经选模后有所减弱，但由于激光发散度的改善，其亮度可提高几个数量级，而且聚焦后可以产生一个衍射极限的光斑，对小孔加工工艺指标非常有利。

6. 光斑形状

激光器在单横模条件下工作，输出的激光光斑为强度按高斯分布的圆，但由于种种原因，如激光工作物质的光学不均匀性,激光物质的污染和损坏,谐振腔污染或者光传输系统镜片污染,或者是聚焦镜片污染等,会出现光斑分布不均匀的现象,这时穿孔圆度将大受影响。因此必须保证光学系统的质量。

另外,由于激光谐振腔失调或者传输光路同轴性偏离会造成光斑形状变化,因此应该在激光正常输出的情况下,精心微调激光谐振腔,使激光光斑最圆,并保证与传输光路的同轴性。

光斑上光强分布均匀性和圆度可以通过简单直观的方法检测,把黑相纸垂直于激光束传输光轴放置,从在远场点发出的光斑花样可以很容易判断光强分布。调整光路时,要先从激光器调起,再调整传输光路,因为激光器调整后光轴会有微位移,要求精确定位时,需重新调整两者光轴重合。

7．脉冲频率

实际激光穿孔中常采用多个脉冲重复加工一个孔的方法;在多个激光脉冲重复加工一个孔时,脉冲激光束多次照射工件,增加脉冲次数,孔深可以显著增加,锥度也能减小,而孔径几乎不变。激光器输出功率不变,脉冲宽度不变,只调节脉冲频率,则改变每个脉冲的峰值功率。随着脉冲重复次数的增加,穿孔的深度值却越来越小。

8．被加工材料对激光穿孔的影响

被加工材料对激光穿孔影响最大的一个参数是材料对激光波长的吸收率,吸收率的高低直接影响激光穿孔效率。如果被加工材料对某激光器光束波长的吸收率高,用这种激光器进行穿孔的效率就高。如果吸收率低,激光器光束照射在被加工材料上的能量大部分被反射或透过被加工材料散失,没有对工件材料加工产生作用,穿孔效率就低。被加工材料的吸收率本身也受温度变化和表面涂层等条件的影响。

不同性质的材料对不同波长激光束的吸收率和反射率不同,要根据被加工材料的热物理性质来选择相应的激光器。例如,宝石轴承激光穿孔可选用波长为 $0.694\ 3\ \mu m$ 的红宝石激光器、波长为 $1.06\ \mu m$ 的 Nd:YAG 激光器或波长为 $10.6\ \mu m$ 的 CO_2 激光器;玻璃、石英、陶瓷等材料的激光穿孔,则选用波长为 $10.6\ \mu m$ 的 CO_2 激光器对加工更有利。

（三）激光穿孔工艺指标检验常用方法

1．孔径 *d* 的测量

孔径是激光穿孔工艺指标检验中的主要指标,测量孔径比较常用的方法有:

（1）针式光面塞规

当被测小孔的精度要求不高时,可以用直径为 $0.1\sim1\ mm$ 的针式光面塞规测量。用针式光面塞规测量孔径的优点是测量方便、直观;但当孔口有毛刺或孔内粗糙不平时,所测量的直径值不够精确。

（2）用工具显微镜测量孔径

用显微镜分划板上的十字叉丝刻线的垂直线先后与孔像左右两边轮廓线相切,两次相切的读数差即为孔径值。

2. 孔深 h 的测量

在通孔的情况下,孔的深度即为工件的板厚,一般可用卡尺测量。在盲孔的情况下,可以用直径小于孔径的探针测量。通过探针进入孔的长度来确定孔深。由于激光加工的盲孔孔底不够平滑,会给孔深测量带来误差。

3. 孔的深径比 h/d

孔的深径比即孔的深度值与孔的直径值之比。由于激光加工的深孔是锥形或腰鼓形,一般选取最小孔径作为计算深径比的孔径值。孔深小于 10 mm 的孔,孔形呈上大下小的锥形,最小孔径在激光出口处;当孔深大于 10 mm 时,孔形呈腰鼓形,一般最小孔径从距激光入口 2/5 孔深处算起。

4. 孔锥度的测量

孔锥度的简单测量可以通过测量孔的上、下口直径,获得直径差值 Δd,再用孔的深度 h 计算,得到孔的锥度 α 值

$$\tan\frac{\alpha}{2} = \frac{\Delta d/2}{h} = \frac{\Delta d}{2h}$$

5. 孔的不圆度

孔的不圆度表示孔的横剖面形状误差,它包容同一横剖面内的实际轮廓,且半径差为最大和最小两个同心圆的半径差,即 $\Delta = R_{\max} - R_{\min}$,因此,孔的不圆度测量可通过前面提到的孔直径的测量用上式计算。

三、实验设备

实验装置包括 Nd:YAG 激光器、激光电源、光聚焦系统和工作台,如图 10-3 所示。

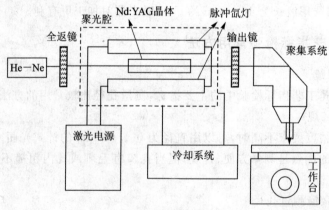

图 10-3　实验装置示意图

实验使用的激光器为 Nd:YAG 固体激光器,在不同参数条件下进行穿孔实验,对影响激光穿孔工艺指标的参数进行分析和验证。

四、实验内容与步骤

穿孔材料为厚度 2 mm 的 45 钢,激光脉冲宽度为 200 μs,改变激光脉冲能量,穿孔过程为单脉冲加工方式。穿孔结束后,记录测量的孔径和孔深。

穿孔材料为厚度 2 mm 的 45 钢,脉冲宽度为 200 μs,离焦量由 $\Delta f > 0$ 渐变到 $\Delta f < 0$,每次移动 1 mm,记录穿孔结束后测量孔径和孔深。

五、复习思考题

根据以上实验结果,分别说明激光脉冲能量和离焦量对穿孔的孔径、孔深和深径比的影响规律,并分析其原因。

参考文献

[1] 左敦稳,黎向锋,赵剑峰,等. 现代加工技术[M]. 北京:北京航空航天大学出版社,2013.

[2] Edward M Trent, Pul K Wright. Metal Cutting[M]. Boston:Butterworth Heinemann,2000.

[3] 韩荣第,陈朔东. 金属切削原理实验指导书[M]. 哈尔滨:哈尔滨工业大学出版社,2008.

[4] 张幼桢. 金属切削原理及刀具[M].北京:国防工业出版社,1990.

[5] 梅泽三造,菅野成行.硬质合金刀具常识及使用方法[M].王洪波,译.北京:机械工业出版社,2009.

[6] 蒋理科,祝益军,冯炎清,等. 难加工材料刀具磨损检测技术研究与应用[J]. 航空制造技术,2010(22):59-63.

[7] 袁发荣,伍尚礼. 残余应力测试与计算[M].长沙:湖南大学出版社,1987.

[8] 彭守刚. 钻孔法中释放系数导致误差的研究[D]. 合肥:合肥工业大学,2012.

[9] 赵万生,刘晋春. 实用电加工技术[M].北京:机械工业出版社,2002.

[10] 胡建华,汪炜,徐启华.电火花成形加工蚀除位移控制力方法的研究[J].机床与液压,2006(6):13-16.

[11] 刘晋春,赵家齐,赵万生.特种加工[M].3版.北京:机械工业出版社,1999.

[12] 方建成,王续跃,邓琦林,等.提高脉冲激光穿孔质量的措施[J].制造技术与机床,1997(11):22-24.

[13] 关振中. 激光加工工艺手册[M]. 2版.北京:中国计量出版社,2005.

[14] 郑启光. 激光先进制造技术[M]. 武汉:华中科技大学出版社,2002.

[15] Marinescu I D Handbook of lapping and polishing [M].New York:CRC Press,2006.

[16] 杨建东. 高速研磨技术[M].北京:国防工业出版社,2003.

[17] 邹济林. 研磨加工技术及其发展[J]. 机械制造,1995 (5):12-13.

[18] 阎纪旺,于骏一. 脆性光学材料超精密加工技术[J].物理,1994,23(2):97-102.

[19] 魏源迁. 国外硬脆材料的最新加工技术[J].磨床与磨削,1998(2):15-19.

[20] 任敬心,史兴宽. 磨削技术的新进展——硬脆材料光滑表面的超精磨削[J].中国机械工程,1997,8(4):106-110.

[21] 王科. 单晶 MgO 基片化学机械抛光机理与工艺研究[D]. 大连:大连理工大学,2010.

[22] 吴雪花. 抛光垫特性及其对化学机械抛光效果影响的研究[D]. 大连:大连理工大学,2005.

[23] 刘玉岭,檀柏梅.大规模集成电路衬底材料性能及加工测试技术工程[M].北京:冶金工业出版社,2002.

[24] 王建荣,林必窕,林庆福.半导体平坦化 CMP 技术[M].台北:全华科技图书股份有限公司,1999.

实 验 报 告

目　　录

一　车刀角度测量实验报告

班级_____学号_____ 姓名_____日期_____

1. 实验目的

2. 实验条件

3. 实验内容与步骤

4. 实验数据与记录

表 1.1　刀具角度记录

参　数	外圆车刀	端面车刀	切断刀
主偏角 κ_r			
刃倾角 λs			
前角 γ_0			
后角 α_0			
法后角 α_n			
法前角 γ_n			
副偏角 κ'_r			
副前角 γ'_0			
副后角 α'_0			

5. 实验结果与分析

　　绘图表示外圆车刀、端面车刀和切断刀切削部分的几何形状,并按上述测量结果标出各角度数值。

　　(1) 外圆车刀

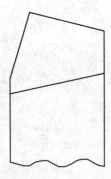

（2）端面车刀

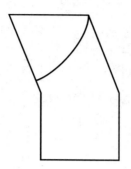

（3）切断刀

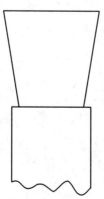

二　切屑变形的观察实验报告

班级＿＿＿＿＿＿学号＿＿＿＿＿＿＿姓名＿＿＿＿＿＿＿日期＿＿＿＿＿＿＿

1. 实验目的

2. 实验条件

3. 实验内容与步骤

4. 实验数据与记录

(1) 在固定切削深度 a_p、进给量 f 和前角 γ_0 的情况下，将切削速度 v_c 对变形系数 ξ 和剪切角 ϕ 的影响记录在表 2-1 中。

表 2-1　切削速度 v_c 对切屑变形的影响

序　号	固定 a_p/mm、$f/$ (mm·r^{-1})和 γ_0/(°)	$v_c/$ (m·min^{-1})	质量法			测厚法			剪切角 ϕ
			M	l_c	ξ	a_c	a_0	ξ	
1									
2									
3									
4									
5									
6									

(2) 在固定切削深度 a_p、进给量 f 和切削速度 v_c 的情况下，将前角 γ_0 对变形系数 ξ 和剪切角 ϕ 的影响记录在表 2-2 中。

表 2-2　前角 γ_0 对切屑变形的影响

序　号	固定 a_p/mm、f/ (mm·r^{-1})和 $v_c/$ (m·min^{-1})	γ_0/(°)	质量法			测厚法			剪切角 ϕ
			M	l_c	ξ	a_c	a_0	ξ	
1									
2									
3									
4									
5									
6									

(3) 在固定切削深度 a_p、前角 γ_0 和切削速度 v_c 的情况下，将进给量 f 对变形系数 ξ 和剪切角 ϕ 的影响记录在表 2-3 中。

表 2-3 进给量 f 对切屑变形的影响

序　号	固定条件 a_p/mm、$\gamma_0(°)$ 和 $v_c/(\text{m}\cdot\text{min}^{-1})$	$f/$ $(\text{mm}\cdot\text{r}^{-1})$	质量法			测厚法			剪切角 ϕ
			M	l_c	ξ	a_c	a_0	ξ	
1									
2									
3									
4									
5									
6									

5. 实验结果与分析

在直角坐标系中画出 v_c - ξ、f - ξ、γ_0 - ξ 关系曲线,并分析 v_c、f 和 γ_0 的影响机理。

三 切削力测量及经验公式的建立实验报告

班级_____学号_____ 姓名_____日期_____

1. 实验目的

2. 实验条件

3. 实验内容与步骤

4. 实验数据与记录

(1)在固定切削深度 a_p、进给量 f 和工件直径 d_w 的情况下,将切削速度 v_c 对三向切削分力的影响记录在表 3-1 中。

表 3-1　切削速度 v_c 对切削力影响的实验记录

序　号	固定 a_p/mm、f/(mm·r^{-1})和 d_w/mm	n/(r·min^{-1})	v_c/(m·min^{-1})	切削力/N		
				F_x	F_y	F_z
1						
2						
3						
4						
5						
6						

(2)在固定进给量 f、工件直径 d_w 和主轴转速 n 的情况下,将切削深度 a_p 对三向切削分力的影响记录在表 3-2 中。

表 3-2　切削深度 a_p 对切削力影响的实验记录

序　号	固定 f/(mm·r^{-1})、d_w/mm、n/(r·min^{-1})和 v_c/(m·min^{-1})	切深 a_p/mm	切削力/N		
			F_x	F_y	F_z
1					
2					
3					
4					
5					
6					

(3)在固定切削深度 a_p、工件直径 d_w 和主轴转速 n 的情况下,将进给量 f 对三向切削分力的影响记录在表 3-3 中。

表 3-3 进给量 f 对切削力影响的实验记录

序 号	固定 a_p/mm、d_w/mm 、n/(r·min^{-1})和 v_c/(m·min^{-1})	进给量 f/(mm·r^{-1})	切削力/N		
			F_x	F_y	F_z
1					
2					
3					
4					
5					
6					

5. 实验结果与分析

(1)在直角坐标系中画出切削速度对切削力的影响曲线并分析原因。

（2）在双对数坐标纸上画出切削深度与进给量对切削力的影响曲线。

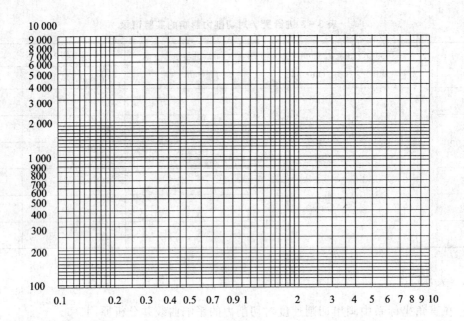

(3)建立切削力经验公式。

四　切削温度测量及其经验公式的建立实验报告

班级_____学号_____姓名_____日期_____

1. 实验目的

2. 实验条件

3. 实验内容与步骤

4. 实验数据与记录

(1)在固定切削深度 a_p、进给量 f 和工件直径 d_w 的情况下,将切削速度 v_c 对切削温度 θ 的影响记录在表 4-1 中。

表 4-1 切削速度 v_c 对切削温度 θ 影响的实验记录

序　号	固定 a_p/mm、f /(mm·r^{-1})和 d_w/mm	n/(r·min^{-1})	v_c/(m·min^{-1})	记录仪读数/mV	切削温度 θ/°C
1					
2					
3					
4					
5					
6					
7					

(2) 在固定进给量 f、工件直径 d_w 和主轴转速 n 的情况下,将切削深度 a_p 对切削温度 θ 的影响记录在表 4-2 中。

表 4-2 切削深度 a_p 对切削温度 θ 影响的实验记录

序　号	固定 f /(mm·r^{-1})、d_w/mm、n/(r·min^{-1})和 v_c/(m·min^{-1})	切深 a_p/mm	记录仪读数/mV	切削温度 θ/°C
1				
2				
3				
4				
5				
6				
7				

(3) 在固定切削深度 a_p、工件直径 d_w 和主轴转速 n 的情况下,将进给量 f 对切削温度 θ 的影响记录在表 4-3 中。

表4-3 进给量 f 对切削温度 θ 影响的实验记录

序 号	固定 a_p/mm、d_w/mm、n/(r·min^{-1})和 v_c/(m·min^{-1})	进给量 f /(mm·r^{-1})	记录仪读数/mV	切削温度 θ/℃
1				
2				
3				
4				
5				
6				
7				

5. 实验结果与分析

（1）在双对数坐标纸上画出 v_c、a_p 和 f 对切削温度 θ 的影响曲线。

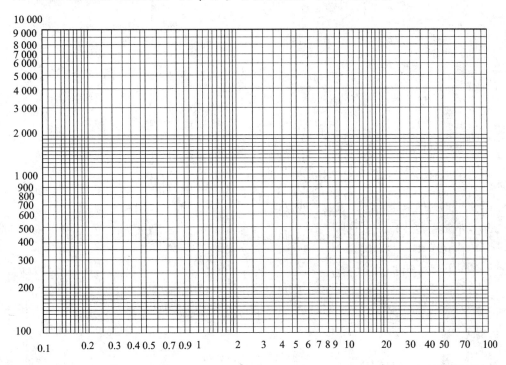

（2）建立切削温度的经验公式。

五 刀具磨损及耐用度实验报告

班级_____ 学号_____ 姓名_____ 日期_____

1. 实验目的

2. 实验条件

3. 实验内容与步骤

4. 实验数据与记录

请将不同切削速度和切削时间的后刀面磨损数值记录在表 5-1 中。

表 5-1 后刀面磨损值记录表

序 号	固定条件	切削速度/(m·min^{-1})	切削时间/min	VB$_{max}$/mm	VB

5. 实验结果与分析

（1）请绘制后刀面磨损 VB 曲线。

（2）在双对数坐标中绘制 $T - v_c$ 关系曲线并建立耐用度经验公式。

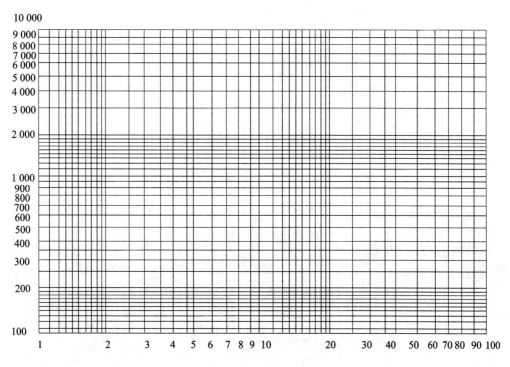

六　加工表面质量实验报告

班级_____学号_____姓名_____日期_____

1. 实验目的

2. 实验条件

3. 实验内容与步骤

4. 实验数据与记录

（1）在固定切削深度 a_p、进给量 f 和工件直径 d_w 的情况下，将切削速度 v_c 对表面粗糙度 Ra、加工硬化以及残余应力的影响记录在表 6-1 中。

表 6-1　切削速度 v_c 对表面粗糙度、加工硬化以及残余应力影响的记录

序　号	固定 a_p/mm、f / (mm·r^{-1}) 和 d_w/mm	n/ (r·min^{-1})	v_c/ (m·min^{-1})	Ra	加工硬化	残余应力
1						
2						
3						
4						
5						
6						

（2）在固定进给量 f、工件直径 d_w 和主轴转速 n 的情况下，将切削深度 a_p 对表面粗糙度、加工硬化以及残余应力的影响记录在表 6-2 中。

表 6-2　切削深度 a_p 对表面粗糙度、加工硬化以及残余应力影响的记录

序　号	固定 f /(mm·r^{-1})、d_w/mm、 n/(r·min^{-1}) 和 v_c/(m·min^{-1})	切深 a_p/mm	Ra	加工硬化	残余应力
1					
2					
3					
4					
5					
6					

（3）在固定切削深度 a_p、工件直径 d_w 和主轴转速 n 的情况下，将进给量 f 对表面粗糙度、加工硬化以及残余应力的影响记录在表 6-3 中。

表 6-3 进给量 f 对表面粗糙度、加工硬化以及残余应力影响的记录

序 号	固定 a_p/mm、d_w/mm、$n/(r \cdot min^{-1})$ 和 $v_c/(m \cdot min^{-1})$	进给量 $f/(mm \cdot r^{-1})$	Ra	加工硬化	残余应力
1					
2					
3					
4					
5					
6					

5. 实验结果与分析

绘制 v_c、f 和 a_p 对加工表面粗糙度、加工硬化以及残余应力的影响曲线,并分析切削用量对表面质量的影响机理。

七　研磨加工实验报告

班级_____ 学号_____ 姓名_____ 日期_____

1. 实验目的

2. 实验条件

3. 实验内容与步骤

4. 实验数据与记录

(1)研磨实验因素对去除速率的影响结果及极差分析如表 7-1 所列。

表 7-1　研磨实验因素对去除速率的影响结果及极差分析

因素 试验号		A:研磨压/ MPa	B:研磨盘转速/ (r·min^{-1})	C:研磨时间/ min	D:研磨液流量/ (mL·min^{-1})	MRR/ (μm·min^{-1})
1		0.05	80	5	5	
2		0.05	120	10	10	
3		0.05	160	15	15	
4		0.075	120	5	15	
5		0.075	160	10	5	
6		0.075	80	15	10	
7		0.1	160	5	10	
8		0.1	80	10	15	
9		0.1	120	15	5	
去除速率	k_1					
	k_2					
	k_3					
	极差 R					
	主次顺序					
	优水平					
	优组合					

注:表中 k_1、k_2、k_3 分别为各水平三次重复实验结果的平均值。

（2）研磨实验因素对表面粗糙度的影响结果及极差分析如表 7-2 所列。

表 7-2　研磨实验因素对表面粗糙度的影响结果及极差分析

因素 试验号	A:研磨压力/ MPa	B:研磨盘转速/ (r·min⁻¹)	C:研磨时间/ min	D:研磨液流量/ (mL·min⁻¹)	Ra/μm
1	0.05	80	5	5	
2	0.05	120	10	10	
3	0.05	160	15	15	
4	0.075	120	5	15	
5	0.075	160	10	5	
6	0.075	80	15	10	
7	0.1	160	5	10	
8	0.1	80	10	15	
9	0.1	120	15	5	

去除速率	k_1					
	k_2					
	k_3					
	极差 R					
	主次顺序					
	优水平					
	优组合					

注:表中 k_1、k_2、k_3 分别为各水平三次重复实验结果的平均值。

5. 实验结果与分析

八 抛光加工实验报告

班级_____ 学号_____ 姓名_____ 日期_____

1. 实验目的

2. 实验条件

3. 实验内容与步骤

4. 实验数据与记录

(1) 抛光实验因素对去除速率的影响结果如表 8-1 所列。

表 8-1　抛光实验因素对去除速率的影响结果

试验号 \ 因素	A:抛光压力/ kPa	B:抛光垫转速/ (r·min⁻¹)	C:工件转速/ (r·min⁻¹)	D:抛光液流量/ (mL·min⁻¹)	MRR/ (μm·min⁻¹)
1	15	80	60	10	
2	15	120	80	20	
3	15	160	100	30	
4	20	80	80	30	
5	20	120	100	10	
6	20	160	60	20	
7	25	80	100	20	
8	25	120	60	30	
9	25	160	80	10	

(2) 抛光去除速率方差分析如表 8-2 所列。

表 8-2　抛光去除速率方差分析表

方差来源	A	B	C	D	误差 E	总和 T
离差平方和						
自由度						
均方(MS)						
F 比值						
F 临界值						
显著性						
优方案						

(3) 抛光实验因素对粗糙度的影响结果如表 8-3 所列。

表 8-3 抛光实试验因素对粗糙度的影响结果

试验号 \ 因素	A:抛光压力/ kPa	B:抛光垫转速/ (r·min⁻¹)	C:工件转速/ (r·min⁻¹)	D:抛光液流量/ (mL·min⁻¹)	S_a/nm
1	15	80	60	10	
2	15	120	80	20	
3	15	160	100	30	
4	20	80	80	30	
5	20	120	100	10	
6	20	160	60	20	
7	25	80	100	20	
8	25	120	60	30	
9	25	160	80	10	

（4）抛光粗糙度方差分析如表 8-4 所列。

表 8-4 抛光粗糙度方差分析表

方差来源	A	B	C	D	误差 E	总和 T
离差平方和						
自由度						
均方（MS）						
F 比值						
F 临界值						
显著性						
优方案						

5. 实验结果与分析

九 电火花成形加工电极损耗特性实验报告

班级_____ 学号_____ 姓名_____ 日期_____

1. 实验目的

2. 实验条件

3. 实验内容与步骤

4. 实验数据与记录

(1) 峰值电流对电极损耗的影响

为了验证峰值电流与电极损耗和加工速度的关系,使用紫铜电极,先选取固定的脉冲宽度和脉冲间隔,再依次改变峰值电流值进行实验,记录结果。实验完成后,将测量结果换算至损耗率,并在表 9-1 中记录脉宽 100 μs、脉间 60 μs 加工条件下的实验结果。

表 9-1　脉宽 100 μs、脉间 60 μs 加工条件下的实验结果

脉宽/μs	脉间/μs	峰值电流/A	电极损耗/ $(mm^3 \cdot min^{-1})$	加工速度/ $(mm^3 \cdot min^{-1})$	电极相对损耗/%

(2) 脉冲间隔对电极损耗的影响

为了验证脉冲间隔与电极损耗和加工速度的关系,使用紫铜电极,依次改变脉冲间隔值进行实验,并在表 9-2 中记录脉宽 100 μs、峰值电流 21 A 加工条件下的实验结果。

表 9-2　脉宽 100 μs、峰值电流 21 A 加工条件下的实验结果

脉宽/μs	脉间/μs	峰值电流/A	电极损耗/ $(mm^3 \cdot min^{-1})$	加工速度/ $(mm^3 \cdot min^{-1})$	电极相对损耗/%

(3) 脉冲宽度对电极损耗的影响

为了验证脉冲宽度与电极损耗和加工速度的关系,使用紫铜电极,依次改变脉冲宽度值进行实验,并在表 9-3 中记录脉间 60 μs、峰值电流 21 A 加工条件下的实验结果。

表9-3　脉间60 μs、峰值电流21 A加工条件下的实验结果

脉宽/μs	脉间/μs	峰值电流/A	电极损耗/ (mm³·min⁻¹)	加工速度/ (mm³·min⁻¹)	电极相对 损耗/%

（4）极性对电极损耗的影响

为了验证极性与电极损耗和加工速度的关系,使用不同的电极材料,依次改变极性进行实验,并在表9-4中记录脉宽80 μs、脉间60 μs、峰值电流21 A及工件材料为45钢加工条件下的实验结果。

表9-4　脉宽80 μs、脉间60 μs、峰值电流21 A及工件材料为45钢加工条件下的实验结果

电极材料	极　性	电极损耗/ (mm³·min⁻¹)	加工速度/ (mm³·min⁻¹)	电极相对 损耗/%

（5）冲液压力对电极损耗的影响

为了验证冲液压力与电极损耗和加工速度的关系,使用紫铜电极材料,依次改变冲液压力进行实验（冲液形式为侧冲式）,并在表9-5中记录脉宽80 μs、脉间60 μs、峰值电流21 A及工件材料为45钢加工条件下的实验结果。

表 9 - 5　脉宽 80 μs、脉间 60 μs、峰值电流 21 A 及工件材料为 45 钢加工条件下的实验结果

电极材料	冲液压力/N	电极损耗/（mm³·min⁻¹）	加工速度/（mm³·min⁻¹）	电极相对损耗/%

5. 实验结果与分析

十　激光穿孔实验报告

班级_____学号_____姓名_____日期_____

1. 实验目的

2. 实验条件

3. 实验内容

4. 实验数据与记录

（1）激光脉冲能量对穿孔孔径和孔深的影响

材料为厚度 2 mm 的 45 钢，脉冲宽度为 200 μs，激光脉冲能量见表 10-1，穿孔过程为单脉冲加工方式。穿孔结束后测量孔径和孔深，并将所得数据填入表 10-1 中。

表 10-1　激光脉冲能量对穿孔孔径和孔深的影响

激光脉冲能量/J	0.4	0.6	0.8	1.0
孔深/mm				
孔径/mm				

（2）离焦量对穿孔孔径和孔深的影响

材料为厚度 2 mm 的 45 钢，脉冲宽度为 200 μs，离焦量由 $\Delta f > 0$ 渐变到 $\Delta f < 0$，每次移动 1 mm，穿孔结束后测量孔径和孔深，并将所得数据填入表 10-2 中。

表 10-2　离焦量对穿孔孔径和孔深的影响

离焦量/mm	3	2	1	0	−1	−2	−3
孔深/mm							
孔径/mm							

5. 实验结果与分析

将表 10-1 和表 10-2 中的数据整理后画出趋势曲线图，了解激光脉冲能量对穿孔孔径和孔深的影响以及离焦量对穿孔孔径和孔深的影响。